全国医药中等职业技术学校教材

液体制剂技术

中国职业技术教育学会医药专业委员会　组织编写

孙彤伟　主编　　张玉莲　主审

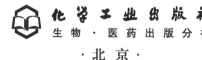

·北京·

内容提要

本书由中国职业技术教育学会医药专业委员会组织编写,是为满足医药中等职业教育对实训的需求而编写的。本书内容以培养生产一线的液体制剂中级工为宗旨,以技能的操作与实践为主线,按模块化要求结合项目教学,将各课程中相关的知识内容按实践项目整合在一起,符合职场的实际工作过程。本书适用于医药中等职业技术学校相关专业学生使用,也可供医药生产企业员工培训使用。

图书在版编目(CIP)数据

液体制剂技术/中国职业技术教育学会医药专业委员会组织编写;孙彤伟主编. —北京:化学工业出版社,2008.12(2016.9重印)
全国医药中等职业技术学校教材
ISBN 978-7-122-03746-6

Ⅰ.液… Ⅱ.①中…②孙… Ⅲ.液体-制剂-生产工艺-专业学校-教材
Ⅳ.TQ460.6

中国版本图书馆 CIP 数据核字(2008)第 146217 号

责任编辑:陈燕杰　余晓捷　孙小芳　　　文字编辑:周　偶
责任校对:郑　捷　　　　　　　　　　　装帧设计:关　飞

出版发行:化学工业出版社　生物·医药出版分社(北京市东城区青年湖南街13号　邮政编码100011)
印　　装:北京科印技术咨询服务有限公司数码印刷分部
787mm×1092mm　1/16　印张12½　字数307千字　2016年9月北京第1版第2次印刷

购书咨询:010-64518888　　　　　　　　售后服务:010-64518899
网　　址:http://www.cip.com.cn
凡购买本书,如有缺损质量问题,本社销售中心负责调换。

定　　价:25.00元　　　　　　　　　　　　　　　　版权所有　违者必究

本书编审人员

主　　编　孙彤伟　（上海市医药学校）

主　　审　张玉莲　（上海新先锋药业有限公司）

副 主 编　唐英玲　（江西省医药学校）

编写人员　（按姓氏笔画排序）

　　　　　卜士明　（上海新先锋药业有限公司）

　　　　　万华根　（江西省医药学校）

　　　　　马继永　（山东华信制药集团股份有限公司）

　　　　　曲　伟　（北京市医药器械学校）

　　　　　孙彤伟　（上海市医药学校）

　　　　　张利华　（山东中药技术学院）

　　　　　郝晶晶　（北京卫生学校）

　　　　　徐明芳　（上海市医药学校）

　　　　　唐英玲　（江西省医药学校）

　　　　　鄢胜君　（湖北省医药学校）

中国职业技术教育学会医药专业委员会
第一届常务理事会名单

主　　任　苏怀德　国家食品药品监督管理局

副 主 任　（按姓名笔画排列）
　　　　　王书林　成都中医药大学峨嵋学院
　　　　　王吉东　江苏省徐州医药高等职业学校
　　　　　严　振　广东食品药品职业学院
　　　　　李元富　山东中药技术学院
　　　　　陆国民　上海市医药学校
　　　　　周晓明　山西生物应用职业技术学院
　　　　　缪立德　湖北省医药学校

常务理事　（按姓名笔画排列）
　　　　　马孔琛　沈阳药科大学高等职业教育学院
　　　　　王书林　成都中医药大学峨嵋学院
　　　　　王吉东　江苏省徐州医药高等职业学校
　　　　　左淑芬　河南省医药学校
　　　　　刘效昌　广州市医药中等专业学校
　　　　　闫丽霞　天津生物工程职业技术学院
　　　　　阳　欢　江西省医药学校
　　　　　严　振　广东食品药品职业学院
　　　　　李元富　山东中药技术学院
　　　　　陆国民　上海市医药学校
　　　　　周晓明　山西生物应用职业技术学院
　　　　　高玉培　北京市医药器械学校
　　　　　黄庶亮　福建生物工程职业学院
　　　　　缪立德　湖北省医药学校
　　　　　谭晓彧　湖南省医药学校

秘 书 长　潘　雪　北京市医药器械学校
　　　　　陆国民　上海市医药学校（兼）
　　　　　刘　佳　成都中医药大学峨嵋学院

第二版前言

本套教材自 2004 年以来陆续出版了 37 本，经各校广泛使用已累积了较为丰富的经验。并且在此期间，本会持续推动各校大力开展国际交流和教学改革，使得我们对于职业教育的认识大大加深，对教学模式和教材改革又有了新认识，研究也有了新成果，因而推动本系列教材的修订。概括来说，这几年来我们取得的新共识主要有以下几点。

1. 明确了我们的目标。创建中国特色医药职教体系。党中央提出以科学发展观建设中国特色社会主义。我们身在医药职教战线的同仁，就有责任为了更好更快地发展我国的职业教育，为创建中国特色医药职教体系而奋斗。

2. 积极持续地开展国际交流。当今世界国际经济社会融为一体，彼此交流相互影响，教育也不例外。为了更快更好地发展我国的职业教育，创建中国特色医药职教体系，我们有必要学习国外已有的经验，规避国外已出现的种种教训、失误，从而使我们少走弯路，更科学地发展壮大我们自己。

3. 对准相应的职业资格要求。我们从事的职业技术教育既是为了满足医药经济发展之需，也是为了使学生具备相应职业准入要求，具有全面发展的综合素质，既能顺利就业，也能一展才华。作为个体，每个学校具有的教育资质有限。为此，应首先对准相应的国家职业资格要求，对学生实施准确明晰而实用的教育，在有余力有可能的情况下才能谈及品牌、特色等更高的要求。

4. 教学模式要切实地转变为实践导向而非学科导向。职场的实际过程是学生毕业就业所必须进入的过程，因此以职场实际过程的要求和过程来组织教学活动就能紧扣实际需要，便于学生掌握。

5. 贯彻和渗透全面素质教育思想与措施。多年来，各校都十分重视学生德育教育，重视学生全面素质的发展和提高，除了开设专门的德育课程、职业生涯课程和大量的课外教育活动之外，大家一致认为还必须采取切实措施，在一切业务教学过程中，点点滴滴地渗透德育内容，促使学生通过实际过程中的言谈举止，多次重复，逐渐养成良好规范的行为和思想道德品质。学生在校期间最长的时间及最大量的活动是参加各种业务学习、基础知识学习、技能学习、岗位实训等都包括在内。因此对这部分最大量的时间，不能只教业务技术。在学校工作的每个人都要视育人为己任。教师在每个教学环节中都要研究如何既传授知识技能又影响学生品德，使学生全面发展成为健全的有用之才。

6. 要深入研究当代学生情况和特点，努力开发适合学生特点的教学方式方法，激发学生学习积极性，以提高学习效率。操作领路、案例入门、师生互动、现场教学等都是有效的方式。教材编写上，也要尽快改变多年来黑字印刷，学科篇章，理论说教的老面孔，力求开发生动活泼，简明易懂，图文并茂，激发志向的好教材。根据上述共识，本次修订教材，按以下原则进行。

① 按实践导向型模式，以职场实际过程划分模块安排教材内容。
② 教学内容必须满足国家相应职业资格要求。
③ 所有教学活动中都应该融进全面素质教育内容。
④ 教材内容和写法必须适应青少年学生的特点，力求简明生动，图文并茂。

从已完成的新书稿来看，各位编写人员基本上都能按上述原则处理教材，书稿显示出鲜明的特色，使得修订教材已从原版的技术型提高到技能型教材的水平。当前仍然有诸多问题需要进一步探讨改革。但愿本批修订教材的出版使用，不但能有助于各校提高教学质量，而且能引发各校更深入的改革热潮。

四年多来，各方面发展迅速，变化很大，第二版丛书根据实际需要增加了新的教材品种，同时更新了许多内容，而且编写人员也有若干变动。有的书稿为了更贴切反映教材内容甚至对名称也做了修改。但编写人员和编写思想都是前后相继、向前发展的。因此本会认为这些变动是反映与时俱进思想的，是应该大力支持的。此外，本会也因加入了中国职业技术教育学会而改用现名。原教材建设委员会也因此改为常务理事会。值本批教材修订出版之际，特此说明。

中国职业技术教育学会医药专业委员会
苏怀德（主任）代笔
2008 年 10 月 2 日

编写说明

本书由中国职业技术学会医药专业委员会组织编写，是为满足医药中等职业教育对实训教材的需求而编写的。本书的编写以培养生产一线的液体制剂中级工为宗旨，以技能的操作与实践为主线，按模块化要求结合项目教学，将各课程中相关的知识内容按实践项目整合在一起，符合职场的实际工作过程。

本书内容编写分工如下：孙彤伟、卜士明编写项目一；唐英玲、万华根编写项目二；徐明芳编写项目三；张利华、马继永编写项目四；曲伟编写项目五；郝晶晶编写项目六；鄢胜君编写项目七。全书由张玉莲主审。

各学校在使用本教材时，可根据专业特点、教学计划、教学要求及实训基地条件选择讲授内容，使学生在有限的教学时间内，掌握液体制剂的基本操作技术和基础知识。

本教材虽经各位编者认真编写，但由于时间仓促和水平有限，可能仍存在疏漏和不足之处，望广大读者批评指正。

编者

2008 年 5 月

前　言

　　半个世纪以来，我国中等医药职业技术教育一直按中等专业教育（简称为中专）和中等技术教育（简称为中技）分别进行。自 20 世纪 90 年代起，国家教育部倡导同一层次的同类教育求同存异。因此，全国医药中等职业技术教育教材建设委员会在原各自教材建设委员会的基础上合并组建，并在全国医药职业技术教育研究会的组织领导下，专门负责医药中职教材建设工作。

　　鉴于几十年来全国医药中等职业技术教育一直未形成自身的规范化教材，原国家医药管理局科技教育司应各医药院校的要求，履行其指导全国药学教育、为全国药学教育服务的职责，于 20 世纪 80 年代中期开始出面组织各校联合编写中职教材。先后组织出版了全国医药中等职业技术教育系列教材 60 余种，基本上满足了各校对医药中职教材的需求。

　　为进一步推动全国教育管理体制和教学改革，使人才培养更加适应社会主义建设之需，自 20 世纪 90 年代末，中央提倡大力发展职业技术教育，包括中等职业技术教育。据此，自 2000 年起，全国医药职业技术教育研究会组织开展了教学改革交流研讨活动。教材建设更是其中的重要活动内容之一。

　　几年来，在全国医药职业技术教育研究会的组织协调下，各医药职业技术院校认真学习有关方针政策，齐心协力，已取得丰硕成果。各校一致认为，中等职业技术教育应定位于培养拥护党的基本路线，适应生产、管理、服务第一线需要的德、智、体、美各方面全面发展的技术应用型人才。专业设置必须紧密结合地方经济和社会发展需要，根据市场对各类人才的需求和学校的办学条件，有针对性地调整和设置专业。在课程体系和教学内容方面则要突出职业技术特点，注意实践技能的培养，加强针对性和实用性，基础知识和基本理论以必需够用为度，以讲清概念，强化应用为教学重点。各校先后学习了《中华人民共和国职业分类大典》及医药行业工人技术等级标准等有关职业分类、岗位群及岗位要求的具体规定，并且组织师生深入实际，广泛调研市场的需求和有关职业岗位群对各类从业人员素质、技能、知识等方面的基本要求，针对特定的职业岗位群，设立专业，确定人才培养规格和素质、技能、知识结构，建立技术考核标准、课程标准和课程体系，最后具体编制为专业教学计划以开展教学活动。教材是教学活动中必须使用的基本材料，也是各校办学的必需材料。因此研究会首先组织各学校按国家专业设置要求制订专业教学计划、技术考核标准和课程标准。在完成专业教学计划、技术考核标准和课程标准的制订后，以此作为依据，及时开展了医药中职教材建设的研讨和有组织的编写活动。由于专业教学计划、技术考核标准和课程标准都是从现实职业岗位群的实际需要中归纳出来的，因而研究会组织的教材编写活动就形成了以下特点：

　　1. 教材内容的范围和深度与相应职业岗位群的要求紧密挂钩，以收录现行适用、成熟规范的现代技术和管理知识为主。因此其实践性、应用性较强，突破了传统教材以理论知识为主的局限，突出了职业技能特点。

　　2. 教材编写人员尽量以产学结合的方式选聘，使其各展所长、互相学习，从而有效地克服了内容脱离实际工作的弊端。

　　3. 实行主审制，每种教材均邀请精通该专业业务的专家担任主审，以确保业务内容正确无误。

4. 按模块化组织教材体系，各教材之间相互衔接较好，且具有一定的可裁减性和可拼接性。一个专业的全套教材既可以圆满地完成专业教学任务，又可以根据不同的培养目标和地区特点，或市场需求变化供相近专业选用，甚至适应不同层次教学之需。

本套教材主要是针对医药中职教育而组织编写的，它既适用于医药中专、医药技校、职工中专等不同类型教学之需，同时因为中等职业教育主要培养技术操作型人才，所以本套教材也适合于同类岗位群的在职员工培训之用。

现已编写出版的各种医药中职教材虽然由于种种主客观因素的限制仍留有诸多遗憾，上述特点在各种教材中体现的程度也参差不齐，但与传统学科型教材相比毕竟前进了一步。紧扣社会职业需求，以实用技术为主，产学结合，这是医药教材编写上的重大转变。今后的任务是在使用中加以检验，听取各方面的意见及时修订并继续开发新教材以促进其与时俱进、臻于完善。

愿使用本系列教材的每位教师、学生、读者收获丰硕！愿全国医药事业不断发展！

全国医药职业技术教育研究会
2005 年 6 月

目　　录

项目一　制药用水　　1

模块一　纯化水 …………………… 1
一、职业岗位 ……………………… 1
二、工作目标 ……………………… 2
三、准备工作 ……………………… 2
四、生产过程 ……………………… 3
五、结束工作 ……………………… 3
六、可变范围 ……………………… 3
七、基础知识 ……………………… 3
八、法律法规 ……………………… 3
九、实训考核题 …………………… 4

模块二　注射用水 ………………… 8
一、职业岗位 ……………………… 9
二、工作目标 ……………………… 9
三、准备工作 ……………………… 9
四、生产过程 ……………………… 9
五、结束工作 ……………………… 9
六、可变范围 ……………………… 9
七、基础知识 ……………………… 9
八、法律法规 ……………………… 10
九、实训考核题 …………………… 10

项目二　液体药剂　　13

模块一　理洗烘瓶 ………………… 14
一、职业岗位 ……………………… 14
二、工作目标 ……………………… 14
三、准备工作 ……………………… 14
四、生产过程 ……………………… 15
五、结束工作 ……………………… 15
六、可变范围 ……………………… 15
七、基础知识 ……………………… 15
八、法律法规 ……………………… 15
九、实训考核题 …………………… 16

模块二　配液 ……………………… 21
一、职业岗位 ……………………… 21
二、工作目标 ……………………… 21
三、准备工作 ……………………… 21
四、生产过程 ……………………… 22
五、结束工作 ……………………… 22
六、可变范围 ……………………… 22
七、基础知识 ……………………… 22
八、法律法规 ……………………… 22
九、实训考核题 …………………… 22

模块三　灌装轧盖 ………………… 24
一、职业岗位 ……………………… 24
二、工作目标 ……………………… 24
三、准备工作 ……………………… 24
四、生产过程 ……………………… 25
五、结束工作 ……………………… 25
六、可变范围 ……………………… 25
七、基础知识 ……………………… 25
八、法律法规 ……………………… 25
九、实训考核题 …………………… 25

模块四　灭菌检漏 ………………… 29
一、职业岗位 ……………………… 29
二、工作目标 ……………………… 29
三、准备工作 ……………………… 29
四、生产过程 ……………………… 30
五、结束工作 ……………………… 30
六、可变范围 ……………………… 30
七、基础知识 ……………………… 30
八、法律法规 ……………………… 30
九、实训考核题 …………………… 30

模块五　灯检 ……………………… 32
一、职业岗位 ……………………… 32
二、工作目标 ……………………… 32
三、准备工作 ……………………… 33
四、生产过程 ……………………… 33
五、结束工作 ……………………… 33
六、可变范围 ……………………… 33

七、基础知识 …………………… 33
　　八、法律法规 …………………… 33
　　九、实训考核题 ………………… 33
　模块六　贴签包装 ………………… 35
　　一、职业岗位 …………………… 35
　　二、工作目标 …………………… 35
　　三、准备工作 …………………… 35
　　四、生产过程 …………………… 36
　　五、结束工作 …………………… 36
　　六、可变范围 …………………… 36
　　七、基础知识 …………………… 36
　　八、法律法规 …………………… 36
　　九、实训考核题 ………………… 36

项目三　小容量注射剂　　40

　模块一　注射用水的制备 ………… 41
　模块二　安瓿的处理 ……………… 41
　　一、职业岗位 …………………… 41
　　二、工作目标 …………………… 41
　　三、准备工作 …………………… 41
　　四、生产过程 …………………… 42
　　五、结束工作 …………………… 42
　　六、可变范围 …………………… 42
　　七、基础知识 …………………… 42
　　八、法律法规 …………………… 42
　　九、实训考核题 ………………… 42
　模块三　配液 ……………………… 49
　　一、职业岗位 …………………… 49
　　二、工作目标 …………………… 49
　　三、准备工作 …………………… 49
　　四、生产过程 …………………… 49
　　五、结束工作 …………………… 49
　　六、可变范围 …………………… 50
　　七、基础知识 …………………… 50
　　八、法律法规 …………………… 50
　　九、实训考核题 ………………… 50
　模块四　灌封 ……………………… 53
　　一、职业岗位 …………………… 53
　　二、工作目标 …………………… 53
　　三、准备工作 …………………… 53
　　四、生产过程 …………………… 54
　　五、结束工作 …………………… 54
　　六、可变范围 …………………… 54
　　七、基础知识 …………………… 54
　　八、法律法规 …………………… 54
　　九、实训考核题 ………………… 54
　模块五　灭菌 ……………………… 57
　　一、职业岗位 …………………… 57
　　二、工作目标 …………………… 57
　　三、准备工作 …………………… 58
　　四、生产过程 …………………… 58
　　五、结束工作 …………………… 58
　　六、可变范围 …………………… 58
　　七、基础知识 …………………… 58
　　八、法律法规 …………………… 58
　　九、实训考核题 ………………… 58
　模块六　灯检 ……………………… 63
　　一、职业岗位 …………………… 63
　　二、工作目标 …………………… 64
　　三、准备工作 …………………… 64
　　四、生产过程 …………………… 64
　　五、结束工作 …………………… 64
　　六、可变范围 …………………… 64
　　七、基础知识 …………………… 64
　　八、法律法规 …………………… 64
　　九、实训考核题 ………………… 65
　模块七　印字与包装 ……………… 66
　　一、职业岗位 …………………… 66
　　二、工作目标 …………………… 66
　　三、准备工作 …………………… 66
　　四、生产过程 …………………… 67
　　五、结束工作 …………………… 67
　　六、可变范围 …………………… 67
　　七、基础知识 …………………… 67
　　八、法律法规 …………………… 67
　　九、实训考核题 ………………… 67

项目四　大容量注射剂　72

模块一　注射用水的制备　73
模块二　理洗瓶　73
一、职业岗位　73
二、工作目标　73
三、准备工作　73
四、生产过程　74
五、结束工作　74
六、可变范围　74
七、基础知识　74
八、法律法规　74
九、实训考核题　74

模块三　配液　79
一、职业岗位　79
二、工作目标　79
三、准备工作　79
四、生产过程　80
五、结束工作　80
六、可变范围　80
七、基础知识　80
八、法律法规　80
九、实训考核题　80

模块四　灌装加塞　83
一、职业岗位　83
二、工作目标　83
三、准备工作　83
四、生产过程　84
五、结束工作　84
六、可变范围　84
七、基础知识　84
八、法律法规　84
九、实训考核题　84

模块五　轧盖　88
一、职业岗位　88
二、工作目标　88
三、准备工作　88
四、生产过程　89
五、结束工作　89
六、可变范围　89
七、基础知识　89
八、法律法规　89
九、实训考核题　89

模块六　灭菌　91
一、职业岗位　91
二、工作目标　91
三、准备工作　92
四、生产过程　92
五、结束工作　92
六、可变范围　92
七、基础知识　92
八、法律法规　92
九、实训考核题　92

模块七　灯检　96
一、职业岗位　96
二、工作目标　96
三、准备工作　96
四、生产过程　97
五、结束工作　97
六、可变范围　97
七、基础知识　97
八、法律法规　97
九、实训考核题　97

模块八　贴签包装　100
一、职业岗位　100
二、工作目标　100
三、准备工作　100
四、生产过程　101
五、结束工作　101
六、可变范围　101
七、基础知识　101
八、法律法规　101
九、实训考核题　101

项目五　滴眼剂　104

模块一　洗瓶　105
一、职业岗位　105

二、工作目标 …………………… 105
　　三、准备工作 …………………… 105
　　四、生产过程 …………………… 105
　　五、结束工作 …………………… 105
　　六、可变范围 …………………… 105
　　七、基础知识 …………………… 105
　　八、法律法规 …………………… 106
　　九、实训考核题 ………………… 106
　模块二　配液与过滤 …………… 110
　　一、职业岗位 …………………… 110
　　二、工作目标 …………………… 110
　　三、准备工作 …………………… 110
　　四、生产过程 …………………… 111
　　五、结束工作 …………………… 111
　　六、可变范围 …………………… 111
　　七、基础知识 …………………… 111
　　八、法律法规 …………………… 111
　　九、实训考核题 ………………… 111
　模块三　灌封 …………………… 113
　　一、职业岗位 …………………… 113
　　二、工作目标 …………………… 113
　　三、准备工作 …………………… 114
　　四、生产过程 …………………… 114
　　五、结束工作 …………………… 114
　　六、可变范围 …………………… 114
　　七、基础知识 …………………… 114
　　八、法律法规 …………………… 114
　　九、实训考核题 ………………… 114
　模块四　灯检 …………………… 119
　　一、职业岗位 …………………… 119
　　二、工作目标 …………………… 119
　　三、准备工作 …………………… 119
　　四、生产过程 …………………… 119
　　五、结束工作 …………………… 119
　　六、可变范围 …………………… 119
　　七、基础知识 …………………… 120
　　八、法律法规 …………………… 120
　　九、实训考核题 ………………… 120
　模块五　印字包装 ……………… 122

　　一、职业岗位 …………………… 122
　　二、工作目标 …………………… 122
　　三、准备工作 …………………… 122
　　四、生产过程 …………………… 122
　　五、结束工作 …………………… 123
　　六、可变范围 …………………… 123
　　七、基础知识 …………………… 123
　　八、法律法规 …………………… 123
　　九、实训考核题 ………………… 123

项目六　无菌分装粉针剂　128

　模块一　洗烘瓶 ………………… 129
　　一、职业岗位 …………………… 129
　　二、工作目标 …………………… 129
　　三、准备工作 …………………… 129
　　四、生产过程 …………………… 129
　　五、可变范围 …………………… 129
　　六、基础知识 …………………… 129
　　七、法律法规 …………………… 129
　　八、实训考核题 ………………… 130
　模块二　洗烘胶塞 ……………… 135
　　一、职业岗位 …………………… 135
　　二、工作目标 …………………… 135
　　三、准备工作 …………………… 135
　　四、生产过程 …………………… 135
　　五、结束工作 …………………… 135
　　六、可变范围 …………………… 136
　　七、基础知识 …………………… 136
　　八、法律法规 …………………… 136
　模块三　分装 …………………… 140
　　一、职业岗位 …………………… 140
　　二、工作目标 …………………… 140
　　三、准备工作 …………………… 140
　　四、生产过程 …………………… 140
　　五、结束工作 …………………… 140
　　六、可变范围 …………………… 141
　　七、基础知识 …………………… 141
　　八、法律法规 …………………… 141
　　九、实训考核题 ………………… 141

模块四　轧盖 …………………… 144
　　一、职业岗位 ………………… 144
　　二、工作目标 ………………… 144
　　三、准备工作 ………………… 144
　　四、生产过程 ………………… 144
　　五、结束工作 ………………… 145
　　六、可变范围 ………………… 145
　　七、基础知识 ………………… 145
　　八、法律法规 ………………… 145
　　九、实训考核题 ……………… 145

模块五　包装 …………………… 148
　　一、职业岗位 ………………… 148
　　二、工作目标 ………………… 148
　　三、准备工作 ………………… 148
　　四、生产过程 ………………… 149
　　五、结束工作 ………………… 149
　　六、基础知识 ………………… 149
　　七、可变范围 ………………… 149
　　八、法律法规 ………………… 149

项目七　冻干粉针剂　　151

模块一　洗瓶 …………………… 152
　　一、职业岗位 ………………… 152
　　二、工作目标 ………………… 152
　　三、准备工作 ………………… 152
　　四、生产过程 ………………… 152
　　五、结束工作 ………………… 152
　　六、可变范围 ………………… 152
　　七、基础知识 ………………… 152
　　八、法律法规 ………………… 153
　　九、实训考核题 ……………… 153

模块二　配液 …………………… 157
　　一、职业岗位 ………………… 157
　　二、工作目标 ………………… 157
　　三、准备工作 ………………… 157
　　四、生产过程 ………………… 158
　　五、结束工作 ………………… 158
　　六、可变范围 ………………… 158
　　七、基础知识 ………………… 158

　　八、法律法规 ………………… 158
　　九、实训考核题 ……………… 158

模块三　除菌过滤 ……………… 161
　　一、职业岗位 ………………… 161
　　二、工作目标 ………………… 161
　　三、准备工作 ………………… 161
　　四、生产过程 ………………… 161
　　五、结束工作 ………………… 161
　　六、可变范围 ………………… 161
　　七、基础知识 ………………… 161
　　八、法律法规 ………………… 162
　　九、实训考核题 ……………… 162

模块四　灌装 …………………… 164
　　一、职业岗位 ………………… 164
　　二、工作目标 ………………… 164
　　三、准备工作 ………………… 164
　　四、生产过程 ………………… 165
　　五、结束工作 ………………… 165
　　六、可变范围 ………………… 165
　　七、基础知识 ………………… 165
　　八、法律法规 ………………… 165
　　九、实训考核题 ……………… 165

模块五　冷冻干燥 ……………… 167
　　一、职业岗位 ………………… 167
　　二、工作目标 ………………… 168
　　三、准备工作 ………………… 168
　　四、生产过程 ………………… 168
　　五、结束工作 ………………… 168
　　六、可变范围 ………………… 168
　　七、基础知识 ………………… 168
　　八、法律法规 ………………… 168
　　九、实训考核题 ……………… 169

模块六　轧盖 …………………… 172
　　一、职业岗位 ………………… 172
　　二、工作目标 ………………… 172
　　三、准备工作 ………………… 172
　　四、生产过程 ………………… 172
　　五、结束工作 ………………… 172
　　六、可变范围 ………………… 172

七、基础知识 …………………… 172
　　八、法律法规 …………………… 173
　　九、实训考核题 ………………… 173
模块七　灯检 ……………………… 175
　　一、职业岗位 …………………… 175
　　二、工作目标 …………………… 175
　　三、准备工作 …………………… 175
　　四、生产过程 …………………… 175
　　五、结束工作 …………………… 176
　　六、可变范围 …………………… 176

　　七、基础知识 …………………… 176
　　八、法律法规 …………………… 176
　　九、实训考核题 ………………… 176
模块八　贴签包装 ………………… 178

附录1　周转卡 **179**

附录2　设备状态标识 **180**

参考文献 **182**

项目一 制药用水

《中华人民共和国药典》2005 年版（二部）中所收载的制药用水，因其使用的范围不同而分为饮用水、纯化水、注射用水及灭菌注射用水。

本项目主要介绍《中华人民共和国药典》2005 年版（二部）收载的纯化水、注射用水的制备。

典型制药用水工艺流程及控制点见图 1-1。

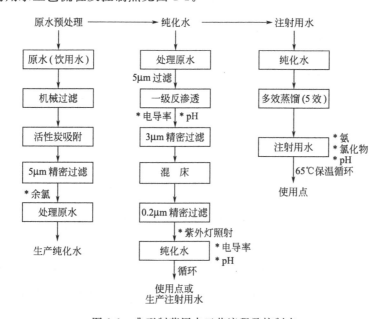

图 1-1　典型制药用水工艺流程及控制点

模块一　纯化水

生产指令单

产品名称：纯化水					指令号：　　号
计划产量：					
开始日期：　年　月　日　时　分					
结束日期：　年　月　日　时　分					
要求	工艺：饮用水 → 粗过滤器 → 反渗透器 → 离子交换床 → 纯化水储罐				
签发者：					日期：

一、职业岗位

纯化水、注射用水制备工。

二、工作目标

1. 能按"生产指令单"领取原辅料,完成制备操作并做好其他准备工作。

2. 知道《药品生产质量管理规范》(GMP)对纯化水制备过程的管理要点,知道典型纯化水制备机器的操作要点。

3. 按"生产指令单"执行典型纯化水制备机器的标准操作规程,完成生产任务,生产过程中监控纯化水的质量,并正确填写纯化水制备的原始记录。

4. 能按标准操作规程(SOP)要求控制纯化水制备机器的压力、流量等工艺参数。

5. 能按 GMP 要求结束纯化水制备机器的操作。

6. 能按 GMP 要求进行设备的清洁及清场操作。

7. 学会必要的纯化水制备基础知识。

8. 具备纯化水制备机器生产过程中的安全环保知识、生产质量管理知识、《中华人民共和国药典》2005 年版中控制质量标准知识。

9. 能对工艺和设备的验证有一定了解。

10. 学会突发事件的应急处理。

三、准备工作

(一)职业形象

1. 按"一般生产区生产人员进出标准程序"(见本模块附件1)进入生产操作区。

2. 进入纯化水制备区域穿防滑胶鞋或雨鞋,注意防止滑倒。

3. 按 SOP 规范操作,开关阀门要缓慢进行,并且注意压力变化。

(二)职场环境

1. 环境 应保持整洁,门窗玻璃、墙面和顶棚应洁净完好;设备、管道、管线排列整齐并包扎光洁,无跑、冒、滴、漏现象发生,且符合相关清洁要求。检查确认生产现场无上次生产遗留物。

2. 环境灯光 能看清管道标识和压力表以及房间设备死角,灯罩应密封完好。

3. 电源 应在操作间外,应有防漏电保护装置,确保安全生产。

4. 地面 应铺设防滑地砖或防滑地坪,无污物、无积水。

5. 清洁要求 按"水处理室内环境清洁的标准操作程序"进行。

(三)任务文件

1. 一般生产区生产人员进出标准程序(见本模块附件1)

2. 水处理粗过滤的标准操作规程(见本模块附件2)

3. 水处理反渗透器的标准操作规程(见本模块附件3)

4. 水处理离子交换床的标准操作规程(见本模块附件4)

5. 纯化水储罐、管道清洗灭菌的标准操作规程(见本模块附件5)

6. 水处理关机标准操作规程(见本模块附件6)

(四)生产用物料

原水:饮用水。

辅料:ST 絮凝剂按 2% 比例及亚硫酸氢钠按 2% 比例预先配制在储槽中,石英砂,椰壳活性炭,732 阳离子交换树脂,711 阴离子交换树脂,35% HCl 和 34% 的液碱。

液体制剂技术

（五）场地、设备与用具等

1. 进入生产场地，检查是否有上次生产的"清场合格证"，是否有质检员或检查员签名。
2. 检查生产场地是否洁净和是否有与生产无关的遗留物品。
3. 检查设备是否洁净完好，是否与状态标识相符。
4. 检查生产用设备管道压力是否正常。
5. 检查仪器仪表是否洁净完好，是否有"检查合格证"，并在使用有效期内。
6. 检查记录台是否清洁干净，是否留有上批的生产记录表与本批无关的文件。
7. 接收到"生产指令单"等文件，要仔细阅读，明了工艺要求等指令。
8. 复核所用物料是否正确，容器外标签是否清楚，内容与所用的指令是否相符。
9. 上述各项达到要求后，由检查员或班长检查一遍，检查合格后，在操作间的设备状态标识上写上"生产中"方可进行生产操作。

四、生产过程

纯化水制备流程主要是饮用水通过粗过滤器过滤一般杂质，然后经过反渗透器和离子交换床进行水质的软化和控制电导率，直至合格的纯化水制备完成进入纯化水储罐。

执行"水处理粗过滤的标准操作规程"、"水处理反渗透器的标准操作规程"、"水处理离子交换床的标准操作规程"，完成纯化水制备。

五、结束工作

1. 停机，按"水处理关机标准操作规程"操作（见本模块附件6）。
2. 按"纯化水储罐、管道清洗灭菌的标准操作规程"，完成设备、生产场地、用具、容器清洁。

六、可变范围

以粗过滤器、反渗透器、离子交换床为例，其他过滤器、反渗透器、离子交换床等设备参照执行。

七、基础知识

反渗透技术的基本原理：利用反渗透膜的半渗透，即只透过水，不透过盐的原理，利用外加高压克服水中淡水透过膜后浓缩成盐水的渗透压，将水"挤过"膜。水分成两部分，一部分含有大量盐类的盐水，另一部分含有极少量盐类的淡水。反渗透系统是利用高压作用通过反渗透膜分离出水中的无机盐，同时去除有机污染物和细菌，截留水污染物。

八、法律法规

（一）《中华人民共和国药典》2005年版（二部）相关内容

本版药典中所收载的制药用水，因其使用的范围不同而分为饮用水、纯化水、注射用水及灭菌注射用水。

制药用水的原水通常为饮用水，为天然水经净化处理所得的水，其质量必须符合中华人民共和国国家标准 GB 5749—85《生活饮用水卫生标准》。纯化水为饮用水经蒸馏法、离子交换法、反渗透法或其他适宜的方法制备的制药用水，不含任何附加剂。其质量符合《中华人民共和国药典》2005 年版（二部）纯化水项下的规定。纯化水可作为配制普通（非无菌）药物制剂用的溶剂或试验用水；可作为中药注射剂、滴眼剂等灭菌制剂所用药材的提取溶剂；口服、外用制剂配制用溶剂或稀释剂；非灭菌制剂用器具的清洗用水。也用作非灭菌制剂所用药材的提取溶剂。纯化水不得用于注射剂的配制与稀释。

制药用水的质量标准见《中华人民共和国药典》2005 年版（二部）303 页"纯化水"。

（二）《药品生产质量管理规范》1998 年版相关内容

九、实训考核题

1. 试写出纯化水制备主要设备名称并指出其位置（不少于 5 种）。
2. 试写出纯化水制备的工艺流程及中间工艺控制点。
3. 试写出纯化水用途。

附件 1　一般生产区生产人员进出标准程序

一般生产区生产人员进出标准程序		登记号	页数
起草人及日期：	审核人及日期：		
批准人及日期：	生效日期：		
颁发部门：	收件部门：		
分发部门：			

1　**目的**：建立本车间人员进出一般生产区标准程序。
2　**范围**：适用于本车间人员进出一般生产区标准程序。
3　**职责**：车间所有人员应严格遵守本程序的相关操作，车间主任、值班长、班组长、工艺员、质量员应随时监控本程序的执行情况。
4　**相关部门**：制水车间。
5　**程序**
　5.1　进入
　　5.1.1　进入车间大厅后，在换鞋处脱去自己的鞋子，换上一般生产区使用的工作鞋。
　　5.1.2　进入更衣室，换上一般生产区使用的蓝色工作衣裤，并且戴上白帽子，要求头发全部塞在帽子里。
　　5.1.3　保持衣着清洁，穿着规范整齐。
　　5.1.4　一切与生产无关的物品不得带入一般生产区。
　　5.1.5　按规定进入各自的岗位工作，无故不得串岗离岗。
　5.2　退出
　　5.2.1　工作结束后，从各自岗位退出至更衣室，脱去蓝色工作衣裤、摘下白帽子，整齐放置于各自的更衣箱内，穿上自己的衣服。
　　5.2.2　退至大厅换鞋处，脱去一般工作鞋，放置于鞋箱内，穿上自己的鞋子，出车间大门。

附件2 水处理粗过滤的标准操作规程

水处理粗过滤的标准操作规程	登记号	页数
起草人及日期：	审核人及日期：	
批准人及日期：	生效日期：	
颁发部门：	收件部门：	
分发部门：		

1 目的： 建立本车间制水岗位水处理粗过滤的标准操作规程。
2 范围： 适用于本车间制水岗位水处理粗过滤的标准操作。
3 职责： 本岗位的操作人员应严格遵守本规程的相关操作，车间主任、值班长、班组长、工艺员、质量员应随时监控本规程的执行情况。
4 相关部门： 制水车间。
5 程序

5.1 每日开机前应先检查机械过滤器和活性炭过滤器及前后供水系统是否完好，管道接头凡尔、水泵、加药泵、压力表是否正常。

5.2 开启供水凡尔，检测饮用水的电导率。饮用水进水电导率应小于 $1000\mu S/cm$。

5.3 启动 ST 絮凝剂加液泵和亚硫酸氢钠加液泵，进行预处理，ST 絮凝剂按 2% 比例及亚硫酸氢钠按 2% 比例预先配制在储槽中。ST 絮凝剂配制：在槽中先加入 49kg 饮用水，再加入 1kg 絮凝剂混匀。亚硫酸氢钠配制：先加入 49kg 饮用水，再加入 1kg 亚硫酸氢钠混匀。

5.4 经过预处理的水进入机械过滤器（机械过滤器下部放置 1~2mm 石英砂 300kg；然后放置 0.4~0.9mm 石英砂 2.2t）。石英砂每 2 年更换 1 次。

5.5 打开上排阀门将空气排空，待水流出后，关闭上排阀门，打开出水阀门，水进入活性炭过滤器（内放椰壳活性炭 700kg）。椰壳活性炭每 2 年更换一次。

5.6 打开活性炭过滤器上的上排阀门将空气排空，待水流出后，关闭上排阀门，打开出水阀门，过滤水自上而下进入软化器（内放 732 阳离子交换树脂 800kg），阳离子交换树脂每 5 年更换一次。

5.7 打开软化器上排阀门将空气排空，待水流出后，关闭上排阀门，打开出水阀门，过滤水经过精密过滤器后进入反渗透器（精密过滤器内放置 15 支 5μ 聚丙烯熔喷滤芯）。当精滤压差大于 0.5MPa 时芯每月更换一次。

5.8 各粗过滤器正常运行时，控制进水压力 $\geqslant 0.2MPa$，如小于 0.2MPa 则需开启增压泵以确保水量平衡。机械过滤器每日清洗一次，活性炭过滤器每周清洗一次。

5.8.1 机械过滤器清洗方法：打开上排水阀门，关闭出水阀门，然后打开下进水阀门，用饮用水自下而上进行反冲，反冲时间控制在 30 分钟左右，待上排水检测水澄清后，关闭下进水阀门，打开下排水阀门，开启进水阀门，待下排水流出后，关闭下排水、上排水阀门，打开出水阀门，水进入活性炭过滤器。

5.8.2 活性炭过滤器清洗方法：打开活性炭过滤器上的上排阀门，关闭出水阀，然后打开下进水阀，用机械过滤器水自下而上进行反冲，反冲时间控制在 15 分钟，待上排水检测水澄清后，关闭下进水阀，打开下排水阀，开启进水阀，待下排水流出后，关闭下排阀和上排阀，打开出水阀，水进入软化器。

5.8.3 软化器清洗方法：首先检查软化器前各设备是否处于正常工作状态，然后关闭出水阀，打开软化器再生电源，调节多路控制头，将控制头控制在 start（开始）状态，多路控制阀按自动设定的各工序程序进行反冲、吸盐、慢洗、快洗自行运行 2 小时，完成一个再生循环，待出水口出水检测符合要求后，打开出水阀，出水经过精密过滤器和保安过滤器后进入反渗透器。

附件 3　水处理反渗透器的标准操作规程

水处理反渗透器的标准操作规程		登记号	页数
起草人及日期：		审核人及日期：	
批准人及日期：		生效日期：	
颁发部门：		收件部门：	
分发部门：			

1　**目的**：建立本车间制水岗位水处理反渗透器的标准操作规程。
2　**范围**：适用于本车间制水岗位水处理反渗透器的标准操作。
3　**职责**：本岗位的操作人员应严格遵守本规程的相关操作，车间主任、值班长、班组长、工艺员、质量员应随时监控本规程的执行情况。
4　**相关部门**：制水车间。
5　**程序**
　5.1　每日开机前应先检查反渗透器前后供水系统、电路系统是否完好，管道接头是否紧密，有无漏水现象。
　5.2　开启反渗透器进水阀、浓水出口阀、浓水排放阀、产水排放阀，关闭反渗透出水阀。
　5.3　待进水压力＞0.2MPa 时，启动高压泵，控制反渗透的总压差，调整进水阀、浓水排放阀，使进水压力控制在 0.1MPa 左右，且产水与浓水的排水比例为 3∶1。
　5.4　检测产水电导率，当电导脱盐率＞70％以上时方可开启产水出水阀，关闭产水排放阀，将水放入反渗透水储槽。
　5.5　当检测产水电导脱盐率＜70％时，应及时停机，并关闭出水阀，检查异常原因。
　5.6　检查项目：①膜功能是否衰退老化；②膜是否有泄露；③"O"形圈是否泄漏；④内接器是否断裂；⑤元件是否变形。待检查出原因做出正确处理，反渗透电导脱盐率＞70％之后，方可正常使用。
　5.7　反渗透膜每 2 年换一次。

附件 4　水处理离子交换床的标准操作规程

水处理离子交换床的标准操作规程		登记号	页数
起草人及日期：		审核人及日期：	
批准人及日期：		生效日期：	
颁发部门：		收件部门：	
分发部门：			

1 **目的**：建立本车间制水岗位水处理离子交换床的标准操作规程。
2 **范围**：适用于本车间制水岗位水处理离子交换床的标准操作。
3 **职责**：本岗位的操作人员应严格遵守本规程的相关操作，车间主任、值班长、班组长、工艺员、质量员应随时监控本规程的执行情况。
4 **相关部门**：制水车间。
5 **程序**

 5.1 开机前检查各离子床前后供水系统，电路系统是否完好，管道接头是否紧密，有无漏水现象，压力表是否正常。

 5.2 启动进水泵，开启阳离子交换床进水阀、排水阀、排空阀。

 5.3 待排空阀流出水后，关闭排空阀，控制进水流量压力在 0.15～0.2MPa，水速流量在 $10m^3/h$。

 5.4 取阳离子交换床水进行电导率及化学分析测定，水电导率要小于原水电导率 1/2，pH、Ca^{2+}、Mg^{2+} 测试符合要求后，关闭排水阀、打开出水阀，进入阴离子交换床。

 5.5 打开阴离子交换床进水阀、排水阀、排空阀。

 5.6 待排空阀流出水后，关闭排空阀，控制进水流量压力在 0.10～0.15MPa，水速流量在 $10m^3/h$。

 5.7 取阴离子交换床水进行电导率及化学分析测定，水电导率 $\leq 50\mu S/cm$，pH 合格时，关闭排水阀、打开出水阀，进入混合床。

 5.8 打开混合床进水阀、排水阀、排空阀。

 5.9 待排空阀水流出后，关闭排空阀，控制进水流量压力在 0.1～0.15MPa，水速流量在 $4～8m^3/h$，取混合床水进行电导率、化学分析测定，水电导率 $\leq 0.5\mu S/cm$，pH 合格。NH_4^+、Cl^- 合格时，关闭排水阀，打开出水阀，放入储槽。

附件 5　纯化水储罐、管道清洗灭菌的标准操作规程

纯化水储罐、管道清洗灭菌的标准操作规程		登记号	页数
起草人及日期：		审核人及日期：	
批准人及日期：		生效日期：	
颁发部门：		收件部门：	
分发部门：			

1 **目的**：建立本车间制水岗位纯化水储罐、管道清洗灭菌的标准操作规程。
2 **范围**：适用于本车间制水岗位纯化水储罐、管道清洗灭菌的标准操作。
3 **职责**：本岗位的操作人员应严格遵守本规程的相关操作，车间主任、值班长、班组长、工艺员、质量员应随时监控本规程的执行情况。
4 **相关部门**：制水车间。
5 **程序**

 5.1 纯化水储罐清洗

 5.1.1 关闭储罐的进水阀、出水阀，打开箱体底部的取样阀，让容器内的水排出。

 5.1.2 用干净的丝光毛巾擦洗储罐内壁至无滑腻感为止。

 5.1.3 擦洗完毕后用纯化水冲洗储罐至水样检验合格。

5.1.4 清洗周期：纯化水储罐每2个月清洗一次。
5.2 纯化水储罐、管道清洗灭菌
5.2.1 水循环预冲洗：在纯化水储罐中加入约2/3体积的纯化水，开启泵进行循环，15分钟后打开排水阀，边循环边排放。
5.2.2 3‰双氧水清洗：在纯化水储罐中加入约450L纯化水，然后缓缓加入约50L双氧水（30%浓度）。开启纯化水和自循环管道考克，循环15分钟后关小自循环考克，微微开启所有使用点考克至双氧水溶液流出，关闭考克，浸泡30分钟，然后打开使用点考克，通过泵打将溶液排尽。
5.2.3 冲洗：先用纯化水冲洗5分钟，排尽后加入约2/3体积的纯化水，开泵循环15分钟，然后排尽，依次进行二次循环清洗，排尽后用纯化水冲洗储罐5分钟，最后取样检验合格。
5.2.4 清洗灭菌周期：纯化水储罐、管道每半年清洗灭菌一次。

附件6 水处理关机标准操作规程

水处理关机标准操作规程		登记号	页数
起草人及日期：		审核人及日期：	
批准人及日期：		生效日期：	
颁发部门：		收件部门：	
分发部门：			

1 **目的**：建立本车间制水岗位水处理关机标准操作规程。
2 **范围**：适用于本车间制水岗位水处理关机标准操作。
3 **职责**：本岗位的操作人员应严格遵守本规程的相关操作，车间主任、值班长、班组长、工艺员、质量员应随时监控本规程的执行情况。
4 **相关部门**：制水车间。
5 **程序**
　5.1 生产结束，关闭反渗透器出水阀，打开排水阀，关闭高压泵，开大进水阀门，在进水压力<0.5MPa条件下运行20分钟，然后关闭所有阀门。
　5.2 关闭离子交换床进水泵电源，然后关闭阳离子交换床、阴离子交换床、混合床的出水阀、进水阀，再打开排空阀。

模块二 注射用水

生产指令单

产品名称：注射用水					指令号：	号
计划产量：						
开始日期：	年	月	日	时	分	
结束日期：	年	月	日	时	分	
要求	工艺：原料水（纯化水）→进水泵→冷凝器→预热器→各效蒸发器→冷凝器→注射用水储罐→送水泵→各使用点					
签发者：					日期：	

一、职业岗位

纯化水、注射用水制备工。

二、工作目标

同本项目模块一。

三、准备工作

（一）职业形象

同本项目模块一。

（二）职场环境

同本项目模块一。

（三）任务文件

1. 蒸馏水机标准操作规程（见本模块附件1）
2. 注射用水储罐、管道清洗灭菌的标准操作规程（见本模块附件2）

（四）生产用物料

原水：纯化水；辅料：冷却水、蒸汽。

（五）场地、设备与用具等

同本项目模块一。

四、生产过程

注射用水制备流程主要是纯化水通过多效蒸馏水机反复蒸馏所得，合格的注射用水制备完成进入注射用水储罐保温或循环储存。

执行"蒸馏水机标准操作规程"，完成注射用水制备。

五、结束工作

执行"注射用水储罐、管道清洗灭菌的标准操作规程"，完成设备、场地等清洁。

六、可变范围

以多效蒸馏水机为例，其他制注射用水机等设备参照执行。

七、基础知识

注射用水为纯化水经蒸馏所得的水。应符合细菌内毒素试验要求。注射用水必须在防止内毒素产生的设计条件下生产、储藏及分装。其质量应符合《中华人民共和国药典》2005年版（二部）"注射用水"项下的规定。

注射用水可作为配制注射剂用的溶剂或稀释剂及注射用容器的清洗。也可作为滴眼剂配制的溶剂。为保证注射用水的质量，必须随时监控蒸馏法制备注射用水的各生产环节，定期清洗与消毒注射用水制造与输送设备，严防内毒素产生。一般应在80℃以上保温、65℃保温循环或4℃以下的无菌状态下存放，并在制备12小时内使用。

注射用水的质量标准见《中华人民共和国药典》2005年版（二部）363页"注射用水"。

八、法律法规

《中华人民共和国药典》2005年版（二部）相关内容。
《药品生产质量管理规范》1998年版相关内容。

九、实训考核题

1. 试写出注射用水制备主要设备名称并指出其位置（不少于5种）。
2. 试写出注射用水储存要求。
3. 试写出注射用水用途。

附件1　蒸馏水机标准操作规程

蒸馏水机标准操作规程		登记号	页数
起草人及日期：		审核人及日期：	
批准人及日期：		生效日期：	
颁发部门：		收件部门：	
分发部门：			

1　**目的**：建立本车间制水岗位蒸馏水机标准操作规程。
2　**范围**：适用于本车间制水岗位蒸馏水机标准操作。
3　**职责**：本岗位的操作人员应严格遵守本规程的相关操作，车间主任、值班长、班组长、工艺员、质量员应随时监控本规程的执行情况。
4　**相关部门**：制水车间。
5　**程序**

5.1　0.5t蒸馏水机操作程序

5.1.1　开机前，先检查蒸馏水机前后供水系统、泵、电路系统是否正常，管道、接头是否有漏水现象，压力表是否正常。

5.1.2　打开蒸馏水机进料水阀门和冷却水阀门，待两水箱水满后，开启两水箱泵电源。

5.1.3　打开外接蒸汽阀门和蒸汽旁路阀门，排尽蒸汽管道中的冷凝水，关闭旁路蒸汽阀门，然后打开机内蒸汽进汽阀门。

5.1.4　当机内蒸汽压力表显示蒸汽压力≥0.3MPa，启动水泵电源开关，蒸馏水机开始工作。

5.1.5　蒸馏水机正常运行时，调节进料水流量，当蒸汽压力在0.25MPa时，流量调节在400L/h；当蒸汽压力在0.3MPa时，流量调节在500L/h。

5.1.6　当一、二、三、四效塔下不锈钢截止阀喷气时，依次将一、二、三、四效塔截止阀关闭。

5.1.7　蒸馏水机启动7分钟后，蒸馏水机温度表显示75℃以上，冷却水温度表显示100℃以上，表明机器正常运行。

5.1.8　化验合格后，放入储槽。

5.2　LDZ系列列管式多效蒸馏水机操作程序（2t）：操作台放置的环境温度为0～30℃，环境相对湿度不大于80%，操作台输入的交流工作电压为80V。

5.3　自动控制操作流程

5.3.1 预热及准备。将蒸气管道中冷凝水排放干净的干燥饱和蒸汽,送入蒸馏水机的加热蒸汽管道,打开各蒸馏塔下部各排水阀,排尽各蒸馏塔内部积水,随后关闭各排水阀,打开最后一塔下部排污手阀,等待原料水进入机器。打开疏水器旁路阀。

5.3.2 开机。打开操作台上电锁,选择手动/自动操作,再按一下手动钮切换至自动状态,慢慢打开加热蒸汽操作手阀F1至蒸汽压力达到0.3MPa,预热10分钟后,开大蒸汽手阀使进蒸馏水机的加热蒸汽压力达到0.4MPa以上。压缩空气大于0.4MPa送入机器。按一下启动钮,蒸馏水机将按预定程序进行自动操作,按时自动打开进料水泵。适当调整进水手阀、进水旁路阀,逐渐达到正常进水量的1/3。

5.3.3 正常运行。开机一段时间后,进料水气动阀打开,进料水增加,蒸汽压力表显示应大于0.3MPa,调节进水流量符合参数表值。蒸馏水温度逐渐增至95℃,当蒸馏水温度升至90℃以上时,冷却水泵自动启动,再延时一段时间后,当蒸馏水的电导率<1μS/cm时,蒸馏水出口管路上的两位三通气动阀将自动地把蒸馏水从排放管道切换到合格蒸馏水管道。此时,适当调整进水阀,使进水流量为正常流量。

5.3.4 机器运行时各指示灯工作含义。

进水泵灯:绿色表示进料水泵已经打开,进料水进入机器,各蒸馏塔开始升温;
　　　　黄色表示水泵停止。
出水阀灯:绿色表示出水阀门切换至储罐进口的管道;
　　　　黄色表示出水阀门切换至排放管道。
冷却泵灯:绿色表示冷却水泵已开启;
　　　　黄色表示冷却水泵停止。
进水阀灯:绿色表示进水气动阀已打开;
　　　　黄色表示进水阀关闭。

5.4 手动操作规程

5.4.1 打开电锁,进入手动操作,此时各手动操作钮处于关闭位置。打开调节蒸汽手阀,打开疏水器旁路阀,排尽结水,关闭旁路阀,使蒸汽达到0.3MPa以上,预热10分钟。

5.4.2 把进料水泵拧至"绿色",此时进料水泵启动。

5.4.3 打开进料水旁路阀,逐步调整进料水手阀,达到正常进水量的1/3,进料水流入蒸馏水机。5分钟后按一下进水阀按钮,使其灯变绿色,使进水气动阀打开,调整蒸汽压力,选择合适进水流量。

5.4.4 当蒸馏水电导率<1μS/cm,且持续一段时间后,把出水阀按一下至"绿色",此时蒸馏水出口的二位三通阀切换合格蒸馏水管道。

5.4.5 当蒸馏水温度超过90℃时,按一下冷却水泵按钮,其灯变绿色,此时冷却水泵启动,控制器会控制冷却水,调节冷却水量。

5.5 参数设定:蒸馏水温度(98℃),冷却泵启停(90℃),电导率设定(1μS/cm)。

附件2 注射用水储罐、管道清洗灭菌的标准操作规程

注射用水储罐、管道清洗灭菌的标准操作规程		登记号		页数	
起草人及日期:			审核人及日期:		
批准人及日期:			生效日期:		
颁发部门:			收件部门:		
分发部门:					

项目一 制药用水

1 目的： 建立本车间制水岗位注射用水储罐、管道清洗灭菌的标准操作规程。
2 范围： 适用于本车间制水岗位注射用水储罐、管道清洗灭菌的标准操作。
3 职责： 本岗位的操作人员应严格遵守本规程的相关操作，车间主任、值班长、班组长、工艺员、质量员应随时监控本规程的执行情况。
4 相关部门： 制水车间。
5 程序

   5.1 注射用水储罐、管道的清洗灭菌

   5.1.1 注射用水储罐清洁

   关闭储罐的进水阀、出水阀，纯化水冲洗后用干净的纺绸布包住丝光毛巾将储罐内部擦洗至无滑腻感。

   5.1.2 纯化水循环预冲洗

   在储罐中注入约2/3体积纯化水，开启泵进行循环，15分钟后打开用水点排水阀，边循环边排放。

   5.1.3 3％双氧水消毒

   在储罐中注入约450L纯化水，加入50L双氧水（30％浓度），开泵及喷淋球进行循环冲洗，时间不少于30分钟，然后打开用水点排水阀，边循环边排放。

   5.1.4 纯化水二次循环冲洗

   先用常温纯化水冲洗5分钟，排尽后在储罐内加入约2/3体积纯化水，开泵循环15分钟，然后排尽，依此进行二次循环清洗，排尽后用纯化水冲洗储罐5分钟，各出水口点的电导率与储罐中的电导率≤1μS/cm。

   5.1.5 纯蒸汽灭菌

   冲洗完毕，排尽储罐及管道中积水，通入纯蒸汽，纯蒸汽灭菌路线包括注射用水管道及注射用水储罐，微微开启储罐底阀及储罐排气口，排少量蒸汽。保持纯蒸汽压力0.1MPa半小时，对注射用水储罐管道进行纯蒸汽灭菌。

   5.1.6 注射用水冲洗

   在储罐中注入约1/3体积注射用水，开启泵进行循环，15分钟后打开用水点排水阀，边循环边排放。

   5.2 清洗、灭菌周期

   每2个月一次。

液体制剂技术

项目二 液体药剂

液体药剂是指药物分散在液体分散介质中所制成的内服或外用制剂。

本项目主要介绍《中华人民共和国药典》2005 年版（二部）收载的口服溶液剂、口服混悬剂、口服乳剂、滴剂、酊剂、滴鼻剂、搽剂、涂剂、涂膜剂、滴耳剂、洗剂、冲洗剂、灌肠剂、含漱剂。液体制剂生产工艺流程见图 2-1。

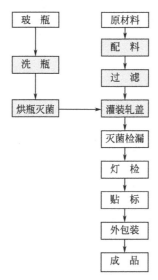

图 2-1 液体制剂生产工艺流程

☐ 一般生产区； ▨ 300000 级洁净区

批生产指令

指令号：				编号：
产品名称：		产品规格：		产品批号：
计划产量：				
开始日期： 年 月 日				
结束日期： 年 月 日				
要求	处方：硫酸锌口服溶液 硫酸锌 2g 枸橼酸 1g 蔗糖 300g 5%羟苯烷基乙酯 10mL 食用香精 1mL 纯化水加至 1000mL 【工艺】 称量→配液→过滤→中间体检查→灌封→灭菌→灯检→贴签包装→成品 【规格】 10mL：0.02g（以 $ZnSO_4 \cdot 7H_2O$ 计）， 本品含硫酸锌（$ZnSO_4 \cdot 7H_2O$）应为 0.18%～0.22%。			
签发者：				日期：

模块一　理洗烘瓶

一、职业岗位

理洗瓶工。

二、工作目标

1. 能按"批生产指令"完成理洗瓶及相关工作。

2. 知道 GMP 对理洗瓶操作的管理要点，熟悉理洗瓶设备的操作要点。

3. 按"批生产指令"执行理洗瓶的岗位操作规程，完成洗烘瓶任务，并正确填写理洗瓶岗位的原始记录。

4. 其他参见项目一模块一。

三、准备工作

（一）职业形象

按"300000 级洁净区生产人员进出标准程序"进入生产操作区（见图 2-2）。

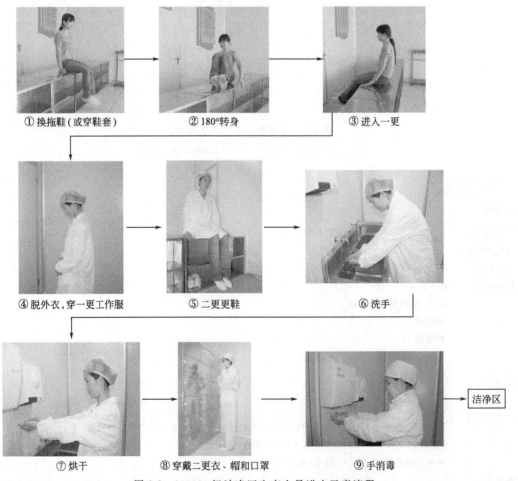

图 2-2　300000 级洁净区生产人员进出示意流程

（二）职场环境

参见项目一模块一。

（三）任务文件

1. 300000级洁净区生产人员进出标准程序（见本模块附件1）

2. QCH系列超声波瓶内外清洗机标准操作规程（见本模块附件2）

3. QCH系列超声波瓶内外清洗机清洁规程（见本模块附件3）

4. MSH高温灭菌隧道烘箱标准操作规程（见本模块附件4）

5. 高温灭菌隧道烘箱清洁规程（见本模块附件5）

（四）生产用物料

根据"批生产指令"领取所需量的原辅料，按"物料进出洁净区标准操作程序"，对从仓库接收来的玻璃瓶检查有无合格证，并核对本次生产品种的品名、批号、规格、数量、质量无误后，通过传递窗进行下一步操作。

（五）场地、设备与用具等

参见项目一模块一。

四、生产过程

1. 执行"MSH高温灭菌隧道烘箱标准操作规程"，使设备低速运行并达到设定的温度后待机。

2. 执行"QCH系列超声波瓶内外清洗机标准操作规程"，调整好清洗机出瓶与烘箱网带的匹配速度，使洗后瓶能及时进入烘箱网带进入烘干阶段。

3. 结束后分别计算洗、烘段的碎瓶率，填写相关生产记录。

五、结束工作

执行"QCH系列超声波内外瓶清洗机清洁规程"、"MSH高温灭菌隧道烘箱清洁规程"，完成设备、场地、用具的清洁。

六、可变范围

以QCH玻璃瓶内外清洗机、MSH高温灭菌隧道烘箱为例，其他玻璃瓶清洗机、高温灭菌隧道烘箱等设备参照执行。

七、基础知识

1. 口服液生产洗烘灌装轧盖联动线三部分：超声波瓶内外清洗机、高温灭菌隧道烘箱、高速液体灌装轧盖机。

2. MSH高温灭菌隧道烘箱为整体隧道式结构，沿生产方向依次分为预热区、高温区和冷却区三部分。

八、法律法规

《药品生产质量管理规范》1998年版相关内容。

九、实训考核题

1. 试空载运行超声波瓶内外清洗机。
2. 如何设定高温灭菌隧道烘箱的加热温度。
3. 如何进行高温灭菌隧道烘箱的停机？

附件1　300000级洁净区生产人员进出标准程序

300000级洁净区生产人员进出标准程序		登记号	页数
起草人及日期：		审核人及日期：	
批准人及日期：		生效日期：	
颁发部门：		收件部门：	
分发部门：			

1　**目的**：规范人员进出300000级洁净区。
2　**范围**：适用于300000级洁净区。
3　**职责**：所有进入300000级洁净区的操作人员及其他相关人员应遵守本程序的相关操作。
4　**程序**

　　4.1　更鞋：所有进入300000级洁净区的操作人员，在更鞋区将自己的鞋脱下，放入鞋柜，转身换上各自的拖鞋。

　　4.2　一更：进入一更衣室，脱去外衣，将私人物品放入橱内，严禁将手机带入，洗手、烘干，穿一更工作服、戴工作帽，更鞋、洗手后进入二更。

　　4.3　二更

　　4.3.1　更鞋：坐在横凳上，背对门外，脱去拖鞋，弯腰，用手把拖鞋放入横凳下规定的鞋架内。坐着转身180°，背对门外，弯腰在横凳下的鞋架内取出自己的工作鞋，在此操作期间注意不要让双脚着地；穿上工作鞋，趿上鞋跟。

　　4.3.2　走到自己的更衣柜前，打开更衣柜门。脱去外衣，挂入更衣柜内，随手关闭更衣柜门。

　　4.3.3　穿戴二更衣、帽和口罩。

　　4.3.3.1　用肘弯推开房门，走到洁净工作衣柜前，取出自己号码的洁净工作服袋。

　　4.3.3.2　取出洁净工作衣，穿上，拉上拉链。

　　4.3.3.3　取出洁净工作裤，穿上，拉正。

　　4.3.3.4　走到镜子前，取出洁净工作帽，对着镜子戴帽，注意把头发全部塞入帽内。

　　4.3.3.5　取出一次性口罩带上，注意口罩要罩住口、鼻；在头顶位置上结口罩带。

　　4.3.3.6　对着镜子检查衣领是否已翻好，拉链是否已拉至喉部，帽和口罩是否已戴正。

　　4.3.4　手消毒。

　　4.3.4.1　走到自动酒精喷雾器前，伸双手掌至喷雾器下10cm左右处。

　　4.3.4.2　喷雾器自动开启，翻动双手掌，使酒精均匀喷在双手掌上各处。

　　4.3.4.3　缩回双手，酒精喷雾器停止工作。

　　4.3.4.4　挥动双手，让酒精挥干。

　　4.4　进入洁净区：经空气吹淋、缓冲区，进入洁净区。

液体制剂技术

4.5 注意事项

4.5.1 穿戴工作衣帽鞋者,不得离开本区域。

4.5.2 直接接触药物生产岗位的工作人员必须戴上工作手套和口罩。

4.5.3 按进入时相反程序退出洁净区。

4.5.4 待洗的工作服,应按指定场所存放。

附件2 QCH系列超声波瓶内外清洗机标准操作规程

QCH系列超声波瓶内外清洗机标准操作规程		登记号	页数
起草人及日期:		审核人及日期:	
批准人及日期:		生效日期:	
颁发部门:		收件部门:	
分发部门:			

1 目的: 规范超声波瓶内外清洗机操作。

2 范围: 适用于QCH系列超声波瓶内外清洗机。

3 职责: 本岗位操作人员应遵守本规程的相关操作。

4 程序

4.1 开机前准备

4.1.1 检查水管、气路、电源是否正常,检查电气箱门是否关好并锁紧。

4.1.2 检查出水阀是否关好,检查各受力部件是否紧固。

4.1.3 打开饮用水阀、压缩气体阀、纯化水阀,检查水、气是否到位,各压力仪表是否正常。

4.1.4 按"MSH高温灭菌隧道烘箱标准操作规程"运行高温灭菌隧道烘箱,使隧道温度达到320~350℃的某一设定值。

4.2 送空瓶

4.2.1 进入储瓶间,目测复查是否有不合格的瓶子,并核对交接后的规格、数量后,将本岗次需清洗玻瓶放在推车上推至洗瓶间,统计好本次清洗的玻瓶数量。

4.2.2 双手端下装满玻瓶的托盘置于洗瓶机网带上,用一切板代替托盘活动挡板挡住瓶子,取下挡板。

4.2.3 取另一切板切入托盘封口一端,向网带内推瓶,取出挡瓶切板,撤下托盘,将空托盘放于指定位置,或将理好的瓶子经理瓶机送至洗瓶机网带上,经分瓶机构使之进入注水分配杆注水。

4.2.4 将瓶子直立并整齐摆放在淋水槽中。

4.3 正常启动

4.3.1 接通控制箱的主开关,给机器送电。

4.3.2 打开压缩空气控制阀,将压力调到0.5MPa。

4.3.3 打开纯化水控制阀,压力调到0.3MPa(注意:此压力数值只有当机器运转后方能显示出来),同时将纯化水过滤器中空气排尽。

4.3.4 打开饮用水控制阀,将压力调到0.2MPa,将进水过滤器中空气排尽,待水箱内加满水(如水泵启动后水位下降,需继续增加水量),并使水槽中瓶子装满水后关闭阀门。

4.3.5 仔细检查进入水中的瓶子是否有未灌满而上浮的、倾斜或卧倒的，如有则重新进瓶。

4.3.6 用钥匙插入右旋打开电源，进瓶网带开始运行，按下"加热器"启动按钮，将水加热到适宜温度（约50℃）。

4.3.7 打开侧门，启动超声波发生器装置，进行超声波清洗。

4.3.8 超声波清洗1~3分钟后，将主机旋至自动。水泵（开关）置于手动位置，按下启动按钮，慢慢调节主机速度旋钮，使机器在一定的速度下运行。

4.3.9 检查瓶子的运行过程：经超声波清洗后的瓶子经第一条传动线由链轮传到上瓶机构，由输送网带上的理瓶机构使瓶子进入相应的轨道上，然后由该机将瓶子送至第二条传动线驱动的传送机构上。第二条传送机构上布置竖排瓶套，瓶子进入瓶套后翻转倒立。当瓶子传送至清洗机主体时，有凸轮装置带动的第三组传动升降机构将7道具有可调压力的水、气喷嘴插入瓶套交叉清洗。从生产方向看，第一道为循环水冲洗瓶内外，第二道为循环水在洗瓶内，第三、五道为净化空气吹尽水分，第四、六道为纯化水冲洗瓶内，第七道为净化空气吹尽瓶内外水分，完成七道清洗过程后，清洗后的瓶子到达输出盘时，口朝上落在输出盘轨道上，由气缸将瓶子沿轨道整齐输出，完成整个清洗过程，通过缓冲区进入高温隧道烘箱进行烘干和灭菌。

4.3.10 在出瓶口加洁净的不锈钢挡板或链条以防前排瓶子倾倒，以便顺利进入烘箱网带上。调节出瓶速度，使输出的瓶与烘箱中网带上的瓶间隔为一个瓶子的距离。

4.3.11 清洗过程中及时补充待洗瓶子，以免传输机构上的瓶套空运转导致输出盘上瓶子有侧倒，影响下一道工序。加瓶时应将破瓶及不符合标准的玻璃瓶选出，将进瓶槽内的玻璃瓶整理整齐。

4.3.12 随时观察各个压力表值是否符合要求，玻璃瓶进入烘箱是否排列整齐，机器运行过程是否有断针、浮瓶等异常情况。

4.4 停机

4.4.1 旋转主机速度为零，按主机"停止"键，关加热器、超声波清洗机，关闭水泵电机，再关闭主机开关。

4.4.2 关闭压缩空气并把滤芯中的压缩气体排净，关闭纯化水阀门。

4.4.3 切断电器箱主电源开关。

4.4.4 如遇异常情况应按急停开关。

附件3　QCH系列超声波瓶内外清洗机清洁规程

QCH系列超声波瓶内外清洗机清洁规程		登记号	页数
起草人及日期：		审核人及日期：	
批准人及日期：		生效日期：	
颁发部门：		收件部门：	
分发部门：			

1　**目的**：使设备的清洗规范化、标准化，保证药液不受污染。
2　**范围**：适用于QCH系列超声波内外清洗机。
3　**职责**：本岗位操作工应遵守本规程的相关操作。
4　**程序**

4.1 清洁地点：口服液车间、洗瓶区。
4.2 清洁工具：尼龙毛刷、软抹布、管道刷。
4.3 清洁剂：75%乙醇、纯化水。
4.4 清洁方法
4.4.1 进瓶区、出瓶区、输送网带：用尼龙毛刷刷除可能存在的碎玻璃屑，用软抹布蘸取75%乙醇擦拭网带上的污物，用洁净软抹布擦洗干净。
4.4.2 水、气过滤器的清洗与更换。
拆开过滤器，将滤芯取出，清洗除去表面的附着物，注意不要用坚硬的洗刷物洗涤滤芯以免降低过滤效果（压力低于0.1MPa时则应及时更换）。
4.4.3 设备内部的清洗。
4.4.3.1 每班生产结束必须用生产用水，在空运转的情况下进行清洗，并打开所有的排污阀门，待水排净后，将机器内部清洁干净。
4.4.3.2 每天清洗干净水槽内不锈钢过滤网罩。
4.4.4 设备表面的清洁：将机器表面用软抹布清洁干净。
4.5 清洁频次
4.5.1 随时拭去设备表面污物、油迹。
4.5.2 每班：进瓶区、出瓶区、输送网带、水箱、滚筒、接水盘用纯化水冲洗一次。
4.5.3 每周：清洗水、气过滤器。
4.6 清洁效果评价
最后冲洗机器的水，检查澄明度合格，pH值呈中性。
4.7 清洁时注意事项
每次清洗时不得使电器操作面板、电器箱及电机进水，以免损坏电器元件。

附件4 MSH高温灭菌隧道烘箱标准操作规程

MSH高温灭菌隧道烘箱标准操作规程		登记号	页数
起草人及日期：		审核人及日期：	
批准人及日期：		生效日期：	
颁发部门：		收件部门：	
分发部门：			

1 **目的**：使玻璃瓶烘干、消毒，保证药液不受污染。
2 **范围**：适用于MSH高温灭菌隧道烘箱。
3 **职责**：本岗位的操作工应遵守本规程的相关操作。
4 **程序**
　4.1 开机前的准备
　4.1.1 检查设备是否完好、主机电源是否正常。
　4.1.2 检查各润滑点的润滑状况。
　4.1.3 检查所有必需的安全装置是否有效。
　4.2 开机
　4.2.1 设定参数。

4.2.1.1 用钥匙将电源开关置于开的位置,设备自动打开PLC显示屏。
4.2.1.2 点击显示屏设置加热温度(视工艺要求设置加热灭菌温度为320~350℃)。
4.2.1.3 点击"参数设置",设置传送带参数与传送带基数:将传送带参数设置为所希望的值,调整传送带基数,使传送带速度正好达到产量所需要的速度,调节传送带参数可固定其生产能力。注意其速度应与洗瓶机出瓶速度匹配。

① 设置上限报警:报警速度=设定的速度参数+10。
② 设置上限控制:加热器停止加热,上限控制温度=SV+20。
③ 设置下限控制:加热器重启时的温度=SV−20。

4.2.2 启动风机:点击风机按钮,风机启动。
4.2.3 启动加热器:点击加热器按钮,石英加热管开始加热,随后箱内温度慢慢升高,待PV温度达到设定温度后,设备加热处于自动恒温状态。
4.2.4 温度达设定值后,启动传送带:点击传送带按钮,传送带走动,接收洗瓶机清洗好的玻璃瓶并根据生产能力来调整本机传送带与洗瓶机出瓶的速度匹配,使清洗后瓶子能及时送入本设备中。瓶子在运行中的过程如下:玻璃瓶顺着传送带依次进入预热区、高温灭菌区和冷却区。预热区顶部位的一台风机从外界抽风,经过高效过滤器,将风净化后送至本区,使之在100级垂直层流保护下行进,此时高温灭菌区一部分热量也被送至本区(风量的分配和流向所致),完成对瓶子的加热。预热后的瓶子随网带进入第二段——高温灭菌区,这个区安装有15支石英电加热管组成的电加热系统,采用远红外辐射加热工艺对瓶子进行持续高温加热,具有加热均匀、无辐射死角优点,在此加热不少于5分钟。瓶子进入第三区——冷却区。该区顶部安装有风机和高效过滤器将净化后的空气送至本区,瓶子冷却至45℃以下,然后输出,完成对瓶子的冷却过程。

4.3 停机
待瓶子全部烘干并进入下一工序后,停止加热器,待烘箱内温度降至100℃以下时再关风机及传送带,并关掉主机电源。

4.4 故障处理
当存在高温,风机跳闸故障时,系统会发出报警信号,报警灯亮,报警声响,若风机或引风机跳闸,则加热器停止。

4.5 注意事项
风机的调整应适当(一般生产厂家在设备安装与调试时会设定)。
4.5.1 调整排风调节阀门开合大小,来保证预热段、冷却段内压力等于或稍高于环境空气压力。
4.5.2 当出瓶后发现瓶子中干燥度检查不合格时,应调大冷却风段的进风阀,使冷却风段的风压稍高于预热风段的风压(可测定其风速),使部分空气从冷却段通过加热器流向预热段,带走加热段的水分,或者调低排风量来达到烘干瓶子的效果。

附件5 MSH高温灭菌隧道烘箱清洁规程

MSH高温灭菌隧道烘箱清洁规程		登记号		页数	
起草人及日期:		审核人及日期:			
批准人及日期:		生效日期:			
颁发部门:		收件部门:			
分发部门:					

液体制剂技术

1　目的：使玻璃瓶烘干、消毒，保证药液不受污染。
2　范围：适用于 MSH 高温灭菌隧道烘箱。
3　职责：本岗位的操作工应遵守本规程的相关操作。
4　程序

　　4.1　清洁地点：口服液车间、理洗瓶区。
　　4.2　清洁工具：尼龙毛刷、软抹布（抹布）、吸尘器。
　　4.3　清洁剂：75％乙醇、纯化水。
　　4.4　操作过程
　　4.4.1　每天工作完后，必须检查并清洁进出口网带处是否有碎玻璃屑。
　　4.4.2　每天工作完后，用洁净的抹布擦洗机器的外壳，检查不锈钢输送网带，（尼龙毛刷）清理网带上的碎屑。整个网带的清理方法：打开后箱板和下风道封板，启动主电机，缓慢运行，用水擦洗；或在网带运行中进行擦拭。
　　4.4.3　每两周拆开烘箱的进出口，用毛刷、吸尘器清除隧道两边从侧带之下漏出的碎玻璃屑，彻底清扫一次隧道。
　　4.4.4　每月清扫一次冷却段底盘的碎屑。
　　4.4.5　运行满一年的进行中修时，拆下网带，用酒精彻底清洗一遍。

模块二　配液

一、职业岗位

口服液调剂工、酊水剂工、滴液剂工。

二、工作目标

参见本项目模块一。

三、准备工作

（一）职业形象

参见本项目模块一。

（二）职场环境

参见项目一模块一。

（三）任务文件

1. 300000 级洁净区生产人员进出标准程序（见本项目模块一附件 1）
2. 配液岗位标准操作规程（见本模块附件 1）
3. 配液罐、储罐、管道清洁消毒标准操作规程（见本模块附件 2）

（四）生产用物料

参见本项目模块一。

（五）场地、设备与用具等

参见项目一模块一。

四、生产过程

执行"配液岗位标准操作规程",完成领料→称量→配液→稀配→填写请验单→调整→填写生产记录。

五、结束工作

执行"配液罐、储罐、管道清洁消毒规程"中的各项清场规程。完成设备、场地、容器等的清洁。

六、可变范围

1. 非最终灭菌液体制剂应在100000级洁净区配液。
2. 以生产硫酸锌口服液为例,涂剂、涂膜剂、搽剂、滴耳剂、滴鼻剂、漱口剂、洗剂、冲洗剂、灌肠剂、酊剂等外用制剂可参照执行。

七、基础知识

1. 《中华人民共和国药典》2005年版收载了口服溶液剂、口服混悬剂、口服乳剂、滴剂。
2. 含量的调整
（1）药液实际含量高于标示量的百分含量时应以下式计算补水量：

补水量＝（实测标示量的百分数－拟补到标示量的百分数）×配制药液的体积

（2）药液实际含量低于标示量的百分含量时应以下式计算补料量：

补料量＝（拟补到标示量的百分数－实测标示量的百分数）×配制药液的体积×药液的百分含量

八、法律法规

1. 《药品生产质量管理规范》1998年版相关内容。
2. 《中华人民共和国药典》2005年版（二部）752页"硫酸锌口服溶液"。

九、实训考核题

1. 试写出配液岗位主要设备名称并指出其位置（不少于5种）。
2. 选配制一种液体制剂。

附件1 配液岗位标准操作规程

配液岗位标准操作规程		登记号	页数
起草人及日期：		审核人及日期：	
批准人及日期：		生效日期：	
颁发部门：		收件部门：	
分发部门：			

1　目的：建立配液岗位工作程序,保证配液质量。
2　范围：生产车间配液岗位。

液体制剂技术

3 职责：配液岗位操作人员应遵守本规程的相关操作。

4 程序

4.1 检查清场合格证、生产许可证、设备运行；有关记录文件。

4.2 试运行。检查蒸汽压力表、温度计是否有"计量检验合格证"，且在有效期内。接通配料罐电源，打开搅拌浆、过滤器和各阀门开关，空机运转 2 分钟，再试验压力表灵敏度是否符合标准，运转正常后方可进行生产。

4.3 配液罐、高位储液罐、容器、管道在使用之前用纯化水冲洗一次，试运行合格后正式生产。

4.4 配液操作。

4.4.1 领料。

4.4.1.1 岗位操作工凭"批生产指令"到原辅料储存间领取物料。

4.4.1.2 领料时共同核对所需原辅料的品名、编号、批号、质量以及合格证是否在规定的有效期内，确认与主配方一致后在"车间物料领发台账"上签字。

4.4.1.3 操作人员将原辅料装上周转车送入称量室，取下放于指定位置。

4.4.2 在质监员监控下，操作人员根据"批生产指令"进行称量，经配液班长复核后，按量称量好处方中各原辅料，并填写记录。

4.4.3 配液。

4.4.3.1 打开纯水阀开关，在浓配罐加入 80% 量的纯化水，在搅拌下加入硫酸锌、枸橼酸、蔗糖，边加边搅拌至溶解完全。

4.4.3.2 打开过滤系统回流阀，开启输送泵，开始回流过滤。

4.4.3.3 过滤完毕，从配液罐底部放出少许滤液至试管中，检查滤液的澄明度（如澄明度不合格，则应检查过滤器是否有侧漏或滤材被杂质堵塞）。

4.4.3.4 关闭浓配罐回流阀，打开稀配罐进料阀及呼吸器，开启输送泵，使滤液进入稀配罐，待滤液输送完后，打开纯化水阀用少量的纯化水冲洗浓配罐内壁，使剩余药液全部打入稀配罐中。

4.4.4 稀配：在稀配罐内加羟苯烷基乙酯、食用香精后，加纯化水至全量，搅拌 30 分钟。

4.5 配液岗位工填写请验单，质监员核对无误后，通知化验室取样员取样 200mL，核对取样员送交的取样通知单，确认无误后，将取样通知单贴于批生产记录上，由取样员进行取样化验。

4.6 若检查结果不合格则应进行相关的调整直至合格，然后打开输液泵送入高位储液罐内待灌装。

4.7 填写生产记录。

4.8 设备发生故障不能运行时，及时请维修人员维修，如发生异常情况需汇报处理。

附件2 配液罐、储罐、管道清洁消毒标准操作规程

配液罐、储罐、管道清洁消毒标准操作规程		登记号	页数
起草人及日期：		审核人及日期：	
批准人及日期：		生效日期：	
颁发部门：		收件部门：	
分发部门：			

1　目的：建立配液罐、储罐、管道清洁工作程序，保证清洁工作规范有序，确保设备清洁，保证药品质量。
2　范围：生产车间配液罐、储罐、管道的清洗。
3　职责：配液岗位操作人员应遵守本规程的相关操作。
4　程序

4.1　残留药液排放：开启连接清洗球的饮用水阀，一边冲洗一边放水，冲洗5分钟后，使残留物排出，关闭饮用水阀，待水流净后关闭出液阀。

4.2　洗涤剂洗涤：开启连接清洗球的饮用水阀向罐内注入约1/3体积的纯化水后，关闭纯化水阀门，加入规定量的洗涤剂，然后开启搅拌机搅拌3~5分钟后，关闭搅拌机，调整好各管道的相关阀门，开启与配液罐连接的输液泵向高位储液罐及各管道内输液并循环回流5分钟，在回流过程中应在每个出药口处清洁药液出口管道。关闭输液泵，打开出液阀，待水流净。

4.3　饮用水冲洗：打开饮用水阀使之进入配料罐内，注入约1/3体积的饮用水，煮沸5分钟，照上法将饮用水通过各输送管道循环冲洗5分钟排弃。

4.4　注入约1/3体积的纯化水（同时冲洗配料罐内壁）并煮沸5分钟，照上法将水通过输送管道循环冲洗5分钟排弃，反复2次。

4.5　如更换品种时，先在物料罐中配好约2/3容积的5%的纯碱溶液，加热至60~70℃，用泵打过整个管道循环5分钟后排弃，然后用泵将事先煮沸的饮用水打入管道冲洗至出水口检查呈中性，最后用煮沸的纯化水打入循环冲洗至少5分钟。

4.6　挂上清洁状态标识并填写记录。

模块三　灌装轧盖

一、职业岗位

口服液灌装工。

二、工作目标

参见本项目模块一。

三、准备工作

（一）职业形象

参见本项目模块一。

（二）职场环境

人员按"300000级洁净区生产人员进出标准程序"进入生产区。

（三）任务文件

1. 300000级洁净区生产人员进出标准程序（见本项目模块一附件1）
2. 高速液体灌装轧盖机标准操作规程（见本模块附件1）
3. 高速液体灌装轧盖机清洁规程（见本模块附件2）
4. 300000级洁净区清洁消毒规程（见本模块附件3）

（四）生产用物料

对从配液岗位接收来的药液应检查有无合格证，并核对本次生产品种的品名、批号、规格、数量、质量无误后，通过泵传送到高位罐，进行下一步操作。

（五）场地、设备与用具等

参见项目一模块一。

四、生产过程

1. 执行"YGL 系列高速液体灌装轧盖机标准操作规程"，完成生产。
2. 待灌装结束，将口服液瓶送到灭菌岗位。填写相关生产记录。

五、结束工作

执行"灌装轧盖岗位清场程序"、"300000 级洁净区清洁、消毒操作规程中的各项清场规程"。完成清洁。

六、可变范围

以 YGL 系列高速液体灌装轧盖机为例，其他液体灌装机等设备参照执行。

七、基础知识

口服液灌装通常在 300000 级净化条件下进行。灌装容量不得少于标示量，如标示量为 10mL，可灌装 10.5～10.7mL。

八、法律法规

《药品生产质量管理规范》1998 年版相关内容。

九、实训考核题

1. 试写出并指出口服液灌装轧盖机主要部件名称（不少于 5 种）。
2. 试写出生产需灭菌口服液制剂环境要求，包括洁净度级别、温度、相对湿度、压差等方面的要求。
3. 试写出 3 种消毒液的名称？如何调节轧盖力？

附件 1 YGL 系列高速液体灌装轧盖机标准操作规程

YGL 系列高速液体灌装轧盖机标准操作规程		登记号	页数
起草人及日期：	审核人及日期：		
批准人及日期：	生效日期：		
颁发部门：	收件部门：		
分发部门：			

1　目的：规范玻璃瓶灌装轧盖机的操作。
2　范围：YGL 系列高速液体灌装轧盖机。
3　职责：本岗位的操作工应遵守本规程的相关操作。
4　程序
　　4.1　机器运行前检查

4.1.1 检查设备卫生清洁状况。
4.1.2 检查外界电源、电压与本机连接应正确。
4.1.3 检查机器上的紧固件应无松动、脱落，特别是传动部件和运动部件。
4.1.4 检查各电机运行应正常，开空机检查设备运转5分钟无异响后关闭（开机方法同试运行开机）。

4.2 生产前准备
4.2.1 消毒与清洗。
4.2.1.1 输液管路的消毒清洗："清洗"钮右旋，在设备运行状态下执行"YGL系列高速液体灌装轧盖机清洁规程"的一般清洗方法。
4.2.1.2 储液桶、理盖斗及设备表面的消毒与清洗：执行"YGL系列高速液体灌装轧盖机清洁规程"。
4.2.2 检查各活塞泵出口与输液口、输液软管的连接是否良好，有无脱落现象。
4.2.3 检查过渡输送杆、轧盖头、封口刀是否完好。
4.2.4 校正灌装针头，使之与玻璃瓶口对中。
4.2.5 根据"批生产指令"领取铝盖，放入清洁好的理盖斗内，检查导轨出口瓶盖输出设备是否流畅。
4.2.6 根据"批生产指令"与配液工核对和交接好药液并做好记录后，将药液从配料罐抽到储液桶内，将计量泵的吸入管放入储液桶内。

4.3 操作
4.3.1 试运行。
4.3.1.1 先用钥匙右旋开关，接通电源，左旋"清洗"旋钮，按"启动"按钮，6组吸液电磁阀灯同时亮，此6组阀吸液通路打开。
4.3.1.2 把"振荡器"旋钮旋至手动后，调"振荡器速度"至理盖斗发出声即可，此时瓶盖慢慢布满滑道。
4.3.1.3 把"传送带"旋钮旋至手动后，调"传送带速度"至网带将瓶子送至拨轮凹槽。
4.3.1.4 将"主机"旋钮旋至手动后，调节主机速度调节，直至星形拨轮转动。
4.3.1.5 当20～30支瓶子进入旋转的拨轮凹槽后关闭"传送带"旋钮，当瓶子经光纤信号灯后进行灌装，设备开始进行灌装、加盖、轧盖、出瓶整个过程。
4.3.2 检查并调整装量：灌装后连续取未轧盖的口服液瓶6～12支，将口服液内容物倒入经校准且干燥的量筒检查，若灌装量在10.5～10.7mL即可，逐个检查。如不符合装量要求，参照下法调整。
4.3.2.1 首先判断装量不合格的灌装头所对应的计量泵。
4.3.2.2 再检查该计量泵是否漏液，如漏液，则松开该计量泵两端的螺丝。取下计量泵并旋开底座，检查密封圈是否脱落。
4.3.2.3 如未漏液则检查电磁阀是否正常，电磁阀是否会发出高频振荡声响，如有声响，说明电磁阀上紧固螺母有松动，应拧紧紧固螺母。
4.3.2.4 如上述均正常，则应调整活塞计量泵的灌装量，方法是：松开滑槽固定螺母，顺时针旋或逆时针旋调节螺栓，使滑槽螺钉相对于滑槽块内上下移动来使装量减少或增加。
4.3.2.5 反复调整直到装量符合要求为止。
4.3.2.6 然后紧固螺母，旋紧计量泵两端的螺丝即可。
4.3.3 检查轧盖质量：连续对8～16支已轧好盖的口服液瓶（每个轧盖头取2～3瓶口服液），检查瓶盖是否圆整、光洁无污物、轧盖严密。圆整光洁可通过目测即可。严密度检查可用下法：取出已轧好盖的口服液瓶，左手三指抓住瓶底部，右手三指握住瓶盖并旋转，应不得有松动。如有松动，请参照下面方法调整：先找出松动瓶所对应的轧盖头部件，再逆时针松开该部件上部的紧固螺母，可用铁钎轻轻敲打，待轧盖头可自由移动后，顺时针稍微旋转轧盖头，此时其轧盖头位子降低，力度加大，反复调整直至松紧度合格为止。

4.3.4 正式运行。

4.3.4.1 插入钥匙右旋接通电源后，按"启动"键，将"清洗"钮左旋，使之处于灌装状态，将振荡器旋钮打开，调节速度旋钮，振荡器振荡，瓶盖慢慢布满斜槽轨道。

4.3.4.2 把"传送带"旋钮旋至手动后，调"传送带速度"至网带将瓶子送至拨轮凹槽中，开"主机"开关及速度旋钮，使之达到产量规定的速度，玻璃瓶顺利进入拨轮，然后沿以下方向运行：送瓶、灌装、上盖、过渡输送、轧盖封口、输出至不锈钢托盘，直到生产结束。

4.3.4.3 生产期间随时观察药液的澄明度，每15分钟检查一次最低装量，随时检查轧盖质量。

① 装量检查如下。取供试品5支，将内容物分别倒入经校正的干燥量筒内，在室温下检视，每支装量与标示装量相比较，少于标示装量的不得多于1支，并不得少于标示装量的95%。

② 轧盖质量检查如下。取5只已轧好盖的口服液，检查瓶盖是否圆整、光洁无污物、严密，圆整光洁可通过目测即可，严密度检查方法参照4.3.3执行，轧盖合格率应不低于99%。

4.3.5 装瓶。

将灌装好的口服液装入托盘中并整理好，待满盘后放入标明品名、规格、产品批号、生产日期、数量、灌装机号及顺序号的流动卡。

4.3.6 停机。

4.3.6.1 正常停机。生产完毕后，先关掉传送带速度、传送带开关，关振荡器调速及开关，待轧完盖后关主机调速开关，按下停止按钮。左旋电源钥匙至"OFF"后将钥匙取出。

4.3.6.2 紧急停止。出现意外故障时直接按下急停按钮，机器将停止运转。

4.3.7 机构调整。

4.3.7.1 进瓶调整：检查进瓶传送网带与转盘上的缺口位置是否正确，瓶子正好送至转盘缺口时转盘正好启动，否则应进行调整。

4.3.7.2 光纤位置的调整：保证光纤与瓶子的中心及转盘中心处于一直线上，以免光纤偏折造成信号失真。

4.3.7.3 铝盖簧片的调整：主要是调整簧片的夹持力，使铝盖在玻璃瓶经过时能顺利地戴在瓶口上，夹持力过松，铝盖会自由落下，夹持力过大，铝盖难以戴好，俗称飞盖。

4.3.7.4 过渡螺杆的调整：过渡螺杆作用是将瓶子从灌装部分顺路地运送到轧盖部分。如果其时序不对，会造成瓶子破碎，以及药液的浪费。其调节方法是采用旋两临界点取中点的方法，松开连轴节上的螺钉即可实现过渡螺杆360°的调节。

附件2　YGL系列高速液体灌装轧盖机清洁规程

YGL系列高速液体灌装轧盖机清洁规程		登记号	页数
起草人及日期：		审核人及日期：	
批准人及日期：		生效日期：	
颁发部门：		收件部门：	
分发部门：			

1 目的：使设备清洗规范、标准化，保证药液灌装无污染。
2 范围：YGL系列高速液体灌装机轧盖机。
3 职责：本岗位的操作工应遵守本规程的相关操作。
4 程序

4.1 清洁地点：口服液车间灌装区域。
4.2 清洁工具：干净、消毒的抹布，尼龙毛刷。
4.3 清洁剂：75％乙醇、0.2％苯扎溴铵溶液、纯化水。
4.4 洁净方法
4.4.1 输液管路如不锈钢活塞泵、软管和灌装针头的清洗方法。
4.4.1.1 完全清洗（生产结束）：先拆卸各部件并做好标记，用洗涤剂清除被清洁物表面及可能存在的污物及残留，然后用软抹布蘸取75％乙醇擦拭，用纯化水清洗干净，再用洁净的软抹布擦洗，晾干后将拆下的不锈钢活塞泵、软管和灌装针头按标记重新安装好。
4.4.1.2 一般清洗（生产开始前）：接上回流管，用少许75％乙醇打入灌注系统通过管道循环，对灌注系统、储液桶消毒5分钟后排弃。然后用泵打入纯化水通过管道循环对灌注系统、储液桶清洗5～10分钟。最后用泵打入少许待灌装的药液，通过管道循环对灌注系统、储液桶冲洗5～10分钟。
4.4.2 其他部件。
4.4.2.1 用尼龙毛刷刷除台面上、输送网带上可能存在的破碎玻璃屑及残留药液。
4.4.2.2 用软抹布蘸取药用75％乙醇擦拭输送带理盖斗及机器设备表面等其他的污物。
4.4.2.3 用纯化水洁净的软抹布擦洗上述各部件。
4.5 清洁频次
随时拭去设备表面污物及破碎屑。生产前进行一般清洁一次，生产后全面清洁一次，进行清洗和消毒。
4.6 清洁效果评价
4.6.1 在各清洁部位用洁净白绸布进行擦拭取样，擦拭后的抹布目测无污迹。
4.6.2 消毒清洁结束后，应对灌注系统的清洗效果进行验证，方法是：用纯化水灌装10支瓶子，送检，检查其澄明度及细菌数，结果符合纯化水标准者视为合格。
4.7 注意事项
每次清洁时不要将破碎玻璃屑、残留药液、水弄进电机等电器元件，以免电器失效。

附件3　300000级洁净区清洁、消毒操作规程

300000级洁净区清洁、消毒操作规程		登记号	页数
起草人及日期：		审核人及日期：	
批准人及日期：		生效日期：	
颁发部门：		收件部门：	
分发部门：			

1 目的：建立洁净区、走廊的清洁规程，防止污染。
2 范围：适用于洁净区及走廊。
3 职责：操作人员、清洁工对本规程的实施负责，管理人员负责监督检查。
4 程序

4.1 清洁频次：每天一次。

4.2 清洁地点：就地。

4.3 清洁工具

水桶、刷子、专用抹布、专用拖把。

4.4 清洁剂

0.2%（w/v）洗衣粉，0.2%（w/v）苯扎溴铵溶液消毒液或0.2%（w/v）84消毒液，自来水，纯化水。

4.5 清洁过程

4.5.1 用清洁剂擦拭天棚、照明、墙面、门窗、地面、更衣柜、玻璃、回风棚。

4.5.2 用清洁剂擦拭设备、输送带、容器、操作台。

4.5.3 清理、消毒地漏（执行"洁净区地漏清洁标准操作规程"）。

4.5.4 用消毒剂擦拭天棚、墙面、地面、更衣柜、设备、回风棚、输送带、操作台等。

4.5.5 每半月用消毒剂熏蒸室内空间一次。

4.5.6 每天生产结束开启臭氧发生器消毒一次，每次2小时。

4.5.7 最后一次清洁水无滑感、无泡沫；无积水、无污渍；擦干或晾干。

4.6 做好清洁记录。

模块四　灭菌检漏

一、职业岗位

制剂及医用制品灭菌工。

二、工作目标

1. 能按"批生产指令"完成口服液灭菌工作及其他相关工作。

2. 知道GMP对本岗位的管理要点，熟悉口服液灭菌的操作要点。

3. 按"批生产指令"执行口服液灭菌岗位操作规程，完成生产任务，生产过程中监控口服液灭菌的质量，并正确填写口服液灭菌岗位的原始记录。

4. 其他同本项目模块一。

三、准备工作

（一）职业形象

按"一般生产区生产人员进出标准程序"进入生产操作区。

（二）职场环境

参见项目一模块一。

（三）任务文件

1. 一般生产区生产人员进出标准程序（见项目一模块一附件1）

2. XKQ系列口服液灭菌检漏器标准操作规程（见本模块附件1）

3. XKQ系列口服液灭菌器清洁标准操作规程（见本模块附件2）

（四）生产用物料

按配液批号进行灭菌，同一批号需要多个灭菌柜次灭菌时，需编制亚批号。每批灭菌后应认真清除柜内遗留产品，防止混批或混药。

（五）场地、设备与用具等

参见项目一模块一。

四、生产过程

执行"XKQ 系列口服液灭菌检漏器标准操作规程"，完成灭菌检漏。

五、结束工作

执行"XKQ 系列口服液灭菌器清洁标准操作规程"，完成设备清洁。

六、可变范围

以 XKQ 系列灭菌柜为例，其他灭菌柜等设备参照执行。

七、基础知识

1. 灭菌含义： 灭菌系指用热力或其他适宜方法将物体上或介质中的微生物杀死或除去，即获得无菌状态的总过程。灭菌效果常以杀死芽孢为准。

2. 检漏的意义： 瓶盖如封口不严，微生物或污物可以进入瓶内引起药液逐渐变质，产生沉淀或生长细菌，影响制剂的安全性。

八、法律法规

《药品生产质量管理规范》1998 年版相关内容。

九、实训考核题

1. 试写出灭菌检漏器设备名称并指出其位置（不少于 5 种）。
2. 如何将待灭菌的药品放入灭菌箱内。
3. 开门时应如何操作？

附件 1　XKQ 系列口服液灭菌检漏器标准操作规程

XKQ 系列口服液灭菌检漏器标准操作规程		登记号	页数
起草人及日期：		审核人及日期：	
批准人及日期：		生效日期：	
颁发部门：		收件部门：	
分发部门：			

1　**目的：** 建立一个机动门灭菌器使用保养标准操作规程。
2　**范围：** 适用于机动门灭菌器。
3　**职责：** 本岗位操作人员对本规程的实施负责。
4　**程序**

    4.1　准备

        4.1.1　清理灭菌设备周围，做好环境卫生。

        4.1.2　启动压缩机，使压力上升到需要值，然后打开压缩气阀。

        4.1.3　打开蒸汽阀门，并将蒸汽管道内的冷凝水排放干净，并检查其压力是否达到

0.4～0.6 MPa。

4.1.4 打开饮用水源、纯化水源阀门开关,为程序进行做准备。

4.1.5 打开真空泵阀门,并检查水源压力是否达到 0.15～0.3MPa 规定压力值。

4.1.6 接通动力电源和控制电源。

4.2 操作

4.2.1 打开灭菌器电源开关,"准备"指示灯亮。

4.2.2 打开门(如门已锁定关闭,则应按"开门"按钮20秒钟,使压缩气体从胶条中排掉,然后待门自动上移后再开开)将药品装载入灭菌箱内。

4.2.3 按"机动门的操作方法"关门。灭菌器操作侧单侧门(前门)关闭后,"准备"指示灯亮,其他行程指示灯闪亮,清洁侧单侧门(后门)关闭后,所有行程指示灯闪亮,双门都关闭后,"准备"指示灯闪亮,其余行程指示灯灭。

4.2.4 设定工作参数。

4.2.4.1 用钥匙开启,进入操作面板画面。

4.2.4.2 持续按动设定按键,直到数字显示部分显示"9999",表示设定可以开始,松开设定按键。

4.2.4.3 进一步按动设定按键可顺次进行参数设定,设定参数值的增减通过"增值键"、"减值键"两键可随意改变。

4.2.4.4 设定灭菌温度为115℃,置换温度为105℃,冷却温度为95℃,灭菌时间一般为30min,真空保压时间为20 min,清洗时间为15 min。

4.2.4.5 设定结束后,脉动按动设定键可循环检查设定的参数值。

4.2.5 参数设定完后,按动启动键,"准备"指示灯灭,"升温"指示灯亮,转入自动运行,自动运行过程:"升温"→"灭菌"→"检漏"→"结束","结束"指示灯亮后,蜂鸣器报警,可以开门取物。

4.2.6 开门取物:按"机动门的操作方法"开门,戴上手套拉出内车,取出灭菌物,仔细检点放置,并做好记录,挂上已灭菌的标识牌,填写中间体递交单送至灯检岗位。

4.2.7 结束。

4.2.7.1 切断设备控制电源和动力电源。

4.2.7.2 关闭蒸汽源,供水阀门及压缩空气阀门。

4.2.7.3 擦洗灭菌内室,密封门板及消毒车、消毒盒。

4.2.7.4 定期拆装清洗内室喷淋盘、过滤网,管路上的过滤器,每月清理保养一次疏水阀。

4.2.7.5 将门合上,但密封胶条不要压紧,以防密封圈因长期压迫而失去弹性。

4.3 注意事项

4.3.1 水压、蒸汽源压力、压缩气源压力要符合要求,并做好记录。

4.3.2 结束后,一定要用饮用水清理干净灭菌室,否则将大大缩短灭菌器的寿命。

4.3.3 每天排尽纯化水管和储水罐内的水,再在纯化水管蒸汽消毒时,对管道和储水罐通气消毒,最后再用纯化水冲洗。

附件2 XKQ系列口服液灭菌器清洁标准操作规程

XKQ系列口服液灭菌器清洁标准操作规程		登记号	页数
起草人及日期:	审核人及日期:		
批准人及日期:	生效日期:		
颁发部门:	收件部门:		
分发部门:			

1 目的：保证设备外观整洁，延长设备的寿命，建立一个灭菌柜标准清洁规程。
2 范围：适用于灭菌柜的清洁。
3 职责：本岗位操作人员应遵守本规程的相关操作。
4 程序

　　4.1　清洁方式

　　擦拭。

　　4.2　清洁剂

　　中性洗涤剂。

　　4.3　清洁工具

　　不起毛的软布、毛刷。

　　4.4　清洁内容

　　4.4.1　用软布擦拭灭菌柜四周镜面板，除去表面灰尘，有油污的镜面板用清洁的软布蘸取中性洗涤剂擦拭干净。

　　4.4.2　打开柜门，用软布擦拭各不锈钢连接管道，擦拭内推车轨道。

　　4.4.3　用拧干后的软布擦拭不锈钢泵及其电机。

　　4.4.4　用软布蘸取中性洗涤剂擦拭柜体及门轨道，清洁时注意切勿触及电气柜。

　　4.4.5　清洗消毒车与消毒盘：用中性洗涤剂擦洗，然后用自来水冲洗干净，最后用不起毛的布擦干。

　　4.4.6　清洗灭菌器：用中性洗涤剂擦洗内室、门板以及喷淋盘底面，并把室内底部过滤网上的各种沉积物清理干净，然后用自来水冲洗干净，最后用不起毛的布擦干。

　　4.4.7　每周将密封圈取下清洗、擦拭，密封圈若有损坏，必须及时更换。每月将室内顶部喷淋盘拆下，清理上面的沉积物，然后用中性洗涤剂擦洗，用自来水冲洗擦干后复装。

　　4.4.8　进汽与进水管路上的过滤器，应隔月清理一次，以防杂质堵塞。

　　4.4.9　定期清理疏水阀，以保证其正常工作。

　　4.4.10　灭菌器停止使用3天以上时，必须进行全面保养，且使用前应重新清洗一次。

　　4.4.11　在生产中每消完一柜，应立即清除柜内的碎玻璃，以免损坏设备。

　　4.4.12　设备清洁完后，将设备状态标识挂回设备表面。

　　4.5　清洗频次

　　每天生产结束后。

　　4.6　清洁效果评价

　　设备清洁后见本色，镜面板表面无灰尘。

模块五　灯检

一、职业岗位

　　灯检工。

二、工作目标

　　1. 能按"批生产指令"领取原辅料，完成灯检操作并做好灯检的其他准备工作。

　　2. 知道GMP对灯检过程的管理要点，知道JL系列灯检机的操作要点。

　　3. 按"批生产指令"执行"JL系列灯检机的操作规程"，完成生产任务，生产过程中监控产品的质量，并正确填写灯检原始记录。

4. 其他同本项目模块一。

三、准备工作

（一）职业形象
按"一般生产区生产人员进出标准程序"进入生产操作区。

（二）职场环境
参见项目一模块一。

（三）任务文件
1. 一般生产区生产人员进出标准程序（见项目一模块一附件1）
2. JL 系列灯检机操作规程（见本模块附件1）
3. JL 系列灯检机清洁规程（见本模块附件2）

（四）生产用物料
对从灭菌岗位接收来的灌装好的口服液，检查有无合格证，并核对本次生产品种的品名、批号、规格、数量、质量无误后，进行下一步操作。

（五）场地、设备与用具等
参见项目一模块一。

四、生产过程
1. 操作者执行"JL 系列灯检机操作规程"进行灯检。
2. 操作者每工作2小时休息20分钟以保护、恢复视力。

五、结束工作
执行"灯检岗位清场程序"中的各项清场规程。

六、可变范围
以 JL 系列灯检机为例，其他灯检机等设备参照执行。

七、基础知识
口服液灯检是制备过程中检查澄明度的方法，人工灯检视力应不低于0.9（每年定期检查），光照度的要求如下。
1. **无色的口服液** 光照度1000～1500lx，黑色背景。
2. **有色溶液** 光照度2000～3000lx，白色背景。
3. **不良品** 凡是有玻屑、纤维、白点块、装量问题的为不良品。
4. **废品** 凡是瓶身有裂纹、烂口、破损、混浊、分层现象的为废品。
5. **人工灯检** 一撮（查漏）→二倒（查异物）→三横（查异物）→四正（查异物）。

八、法律法规
《药品生产质量管理规范》1998年版相关内容。

九、实训考核题
1. 简述你所了解的灯检设备有哪些？

2. 人工灯检的程序有哪些？
3. 灯检时光照度是多少？

附件1　JL 系列灯检机操作规程

JL 系列灯检机操作规程		登记号		页数	
起草人及日期：		审核人及日期：			
批准人及日期：		生效日期：			
颁发部门：		收件部门：			
分发部门：					

1　目的：规范灯检机的操作。
2　范围：适用于 JL 系列滚轮式灯检机。
3　职责：本岗位的操作工对本规程的实施负责。
4　程序
　4.1　操作前准备
　4.1.1　检查外界电源、电压与本机连接应正确。
　4.1.2　检查各电机运行应正常。
　4.1.3　检查机器上的紧固件应无松动、脱落，特别是传动部件和运动部件。
　4.1.4　接通电源，让机器空车运转15分钟以上，观察各运转部件是否因运输过程而造成松动或不灵活现象。
　4.1.5　各链轮、齿轮加注适量黄油。
　4.1.6　将需检测的灌装封口完毕的瓶子放置于机器的进瓶料斗内（瓶口向上），严禁横瓶进入双排输送链。
　4.1.7　检查固定于支架双排链罩壳下的日光灯其照瓶清晰度是否达到要求。
　4.1.8　用脚点动脚踏开关，观察是否踩住脚踏开关为双排链停止，放松为双排链运转。
　4.2　操作过程
　4.2.1　操作人员坐在台前，右旋钥匙开关，接通电源，双排链开始连续运转；用脚踩住脚踏开关，双排链停止旋转。
　4.2.2　当瓶子经过灯检区域时，若发现瓶子有裂缝、异物、玻屑、装量不符、色水、药品和液体有污浊现象，应立即踩住脚踏开关，使双排链停止旋转，将不合格品取出。
　4.2.3　放松脚踏开关，双排链继续旋转，合格品经灯检区域后由拨瓶盘送入出瓶周转盘，完成本机工作。
　4.3　停机。

附件2　JL 系列灯检机清洁规程

JL 系列灯检机清洁规程		登记号		页数	
起草人及日期：		审核人及日期：			
批准人及日期：		生效日期：			
颁发部门：		收件部门：			
分发部门：					

1 目的：使设备清洗规范化、标准化
2 范围：JL 系列滚轮式灯检机。
3 职责：本岗位的操作工应遵守本规程的相关操作。
4 程序
 4.1 清洁地点
 一般区域。
 4.2 清洁工具
 尼龙毛刷、软抹布。
 4.3 清洁剂
 75％乙醇、纯化水。
 4.4 清洁方法
 4.4.1 用尼龙毛刷刷除台面上、双排输送链上可能存在的碎玻璃屑。
 4.4.2 用软抹布蘸取75％乙醇擦拭双排输送链上的尼龙滚珠表面的污物。
 4.4.3 用洁净的软抹布擦拭放大镜。
 4.4.4 用洁净的软抹布擦洗机器表面及其他部件。
 4.5 清洁频次
 随时擦拭设备表面污物、油迹。生产前一次，生产后全面清洗一次。
 4.6 清洁效果评价
 整机表面光洁无污物、碎屑。
 4.7 注意事项
 每次清洁时不要将碎玻璃屑、水弄进电机等电器元件，以免电器失效。

模块六　贴签包装

一、职业岗位

制剂包装工。

二、工作目标

1. 能按"批生产指令"领取标签、合格证、说明书、胶带纸、打包带、包装盒、内托等，完成贴标签包装操作。

2. 知道 GMP 对灯检过程的管理要点，知道典型贴标的操作要点。

3. 按"批生产指令"执行典型贴标机的标准操作规程，完成生产任务，生产过程中监控产品的质量，并正确填写灯检原始记录。

4. 其他同本项目模块一。

三、准备工作

（一）职业形象

按"一般生产区生产人员进出标准程序"进入生产操作区。

（二）职场环境

参见项目一模块一。

（三）任务文件

1. 一般生产区生产人员进出标准程序（见项目一模块一附件1）
2. TZJ系列不干胶卧式贴标机操作规程（见本模块附件1）
3. P320自动捆包机操作规程（见本模块附件2）
4. 贴签包装岗位操作规程（见本模块附件3）

（四）生产用物料

对从灯检岗位接收来的产品检查有无合格证，并核对本次生产品种的品名、批号、规格、数量、质量无误后，进行下一步操作。

（五）场地、设备与用具等

参见项目一模块一。

四、生产过程

1. 执行"TZJ系列不干胶卧式贴标机操作规程"。
2. 执行"P320自动捆包机操作规程"进行打包，最后入成品库。

五、结束工作

执行"一般生产区环境清场规程"清场，完成设备、场地清洁。

六、可变范围

以TZJ系列贴标机为例，其他贴标机等设备参照执行。
以P320自动捆包机为例，其他捆包机等设备参照执行。

七、基础知识

略。

八、法律法规

《药品生产质量管理规范》1998年版相关内容。

九、实训考核题

1. 试写出并指出不干胶贴标机主要零部件名称（不少于5种）。
2. 试述拼箱的原则。

附件1 TZJ系列不干胶卧式贴标机操作规程

TZJ系列不干胶卧式贴标机操作规程		登记号	页数
起草人及日期：	审核人及日期：		
批准人及日期：	生效日期：		
颁发部门：	收件部门：		
分发部门：			

1 目的：规范不干胶自动贴标机的操作。

液体制剂技术

2　范围：适用于 TZJ 系列不干胶卧式贴标机的操作。
3　职责：不干胶卧式贴标机的操作人员对本规程的实施负责，设备技术人员负责监督。
4　程序

4.1　操作前准备

4.1.1　检查外界电源、电压与本机连接应正确。

4.1.2　检查各电机运行正常。

4.1.3　检查机器上的紧固件应无松动、脱落，特别是传动部件和运动部件。

4.1.4　检查与本机需相连接的前道设备，过渡是否自然。

4.1.5　将标签纸放到标纸辊上，依次通过打码机色带、沟型片、电探头、剥离板及压标轴。

4.2　操作过程

4.2.1　打开电源开关。

4.2.2　若需打码则提前开启打码机电源开关、打印开关，加热旋钮调整到最高挡，预热 10 分钟左右，电动打印钮，待能打出清晰的批号时将旋钮调至 2 挡。

4.2.3　安装标签纸：将标签纸放到标纸辊上，依次通过打码机色带、沟型片、电探头、剥离板及压标轴，移动槽型光电开关对准标签位置，使槽型光电放大器绿色发光二极管刚灯暗，再移动槽型光电开关对准两个标签之间空白处，再微调光电放大器上电位器，使槽型光电放大器上红色发光二极管亮。

4.2.4　在有瓶挡住光束的情况下，调节光纤传感器的放大器上电位器，使光电放大器绿色发光二极管亮，红色发光二极管暗；光束在没有东西挡住的情况下，放大器红色发光二极管亮。

4.2.5　在触摸屏"下页"处按一下，选择所需速度。

4.2.6　设定标签预置数。

4.2.7　设置标签报警数。

4.2.8　按下启动按钮。

4.2.9　打开送瓶拨轮电机调速器开关，调节电位器调节送瓶速度。

4.2.10　需要停机按一下停止按钮，紧急情况下可以关掉电源开关以实现紧急停机。

4.3　结束

贴标结束后，关闭打印机电源开关、打印开关；关闭机器电源开关。

附件 2　P320 自动捆包机操作规程

P320 自动捆包机操作规程		登记号	页数
起草人及日期：		审核人及日期：	
批准人及日期：		生效日期：	
颁发部门：		收件部门：	
分发部门：			

1　目的：为使自动捆包机的操作达到规范化、标准化，保证捆包质量。
2　范围：适用于 P320 自动捆包机的操作。
3　职责：自动捆包机的操作人员对本规程的实施负责，设备技术人员负责监督。

4 程序

4.1 操作前准备

4.1.1 电池的安装与拆卸。

4.1.1.1 安装：手拿电池将电池的对接面对准接口，用力轻推即可装上电池。电池正确装上后，打包机上面的绿色指示灯将亮，说明电池能正常工作；若是红灯，说明电池电量不足，须充电后才能工作。

4.1.1.2 拆卸：用手指轻按电池两侧的按键，平行向外拉，电池即可拆下。

4.1.2 电池充电：将电池装入充电座，接通电源后，充电座上的红灯将不断闪烁，直至充满电，绿灯亮起，此时电已充满，这一过程大约需30分钟。

4.2 打包操作

4.2.1 装上充满电的电池。

4.2.2 选择人工粘接打包，即打包机上 MAN/AUTO 旋钮，把指针拨向 MAN。

4.2.3 选择一定的拉紧力，在调校过程中，应从最小的拉紧力开始。

4.2.4 选择黏合时间，在调校过程中，应从最小的黏合时间开始。

4.2.5 将打包带穿过将要打包的物体，一手持打包带，一手握打包机，此时打包机摩擦面张开，将打包带穿过打包机的带槽，再按收紧键。

4.2.6 打包机将自动收紧打包带，直至收不动为止，停止操作；用手拉拉包带，看拉紧状况。

4.2.7 打包机进行黏合，数秒时间后，会自动停止；在黏合过程中，一只手须拉着打包带的一头直到切带结束。

4.2.8 稍作停顿后，打包机松开，移开打包机，察看粘接效果。

4.2.9 确定拉紧力、粘接面的效果后，对拉紧力、黏合时间进行调整，直至达到预期的效果。

4.2.10 调校完成后，根据需要，可以将打包机上 MAN/AUTO 旋钮拨向 AUTO，可以自动打包，确保每根带的拉紧力一致。

4.2.11 注意事项：在空机情况下严禁按任何按钮，否则摩擦件将会损坏。

附件3　贴签包装岗位操作规程

贴签包装岗位操作规程		登记号		页数	
起草人及日期：			审核人及日期：		
批准人及日期：			生效日期：		
颁发部门：			收件部门：		
分发部门：					

1　**目的**：正确操作贴签机，规范岗位操作。
2　**范围**：本规程适用于液体制剂成品装盒、装说明书、装箱等外包装过程。
3　**职责**：操作工按本SOP进行外包装操作，QA现场监控员按照本SOP监督外包装的生产过程。
4　**程序**

4.1 生产前准备与检查

4.1.1 检查上批清场情况，将"清场合格证"副本附入批生产记录。

4.1.2 检查设备是否具有"完好"和"已清洁"标识。
4.1.3 包装指令及相关记录等须齐全。
4.1.4 根据"批生产指令"领取标签纸、包装材料、说明书。

4.2 操作

4.2.1 贴签：执行"TZJ系列不干胶卧式贴标机操作规程"。
4.2.2 包装。
4.2.2.1 装内托：先将口服液装入内托，装时方向一致，标签朝外。
4.2.2.2 装盒：在进行装盒包装操作前，应重新检查包装材料的品名、规格、文字内容、合格标记、外观质量等情况。检查包装材料上的批号打印情况，在确认无误后，将装好药瓶内托按正方向装入复核过的包装盒内，连同说明书、吸管一起装入。在进行包装操作时，要做到包装整洁、端正、规范，包装数量准确，包装附件齐全，包装不倒放。包装规格：口服液10mL×10支/1盒。
4.2.2.3 装箱：将包装盒由下至上逐层装入纸箱内，放入合格证和垫板，人工用封箱胶带纸封口封箱。操作前，应注意检查装箱数量、纸箱文字内容、外观质量、批号、有效期、生产日期、箱号。在封箱操作时，要做到放置方向整齐一致、封箱牢固、规范、胶带纸不能遮盖纸箱上的文字内容。满箱后，放入装箱单，放垫板。上批如有零头，与本批第一箱合箱，本批剩余零头与同品种、规格下一批次的第一箱合箱，合箱上标明两个批次的批号及前一个批次的有效期，箱体外也打合箱后的两个批号，填写合箱记录。
4.2.2.4 捆扎打包：执行"P320自动捆包机操作规程"进行捆包。要求打包带整齐，松紧适中，印字面向外，不翻卷，不得损坏纸箱。成品打包后码放整齐。
4.2.2.5 整个包装工序操作结束后，包装班班长要详细认真地统计复核好本批成品数量。准确无误后，按要求详细填写好批包装生产记录，写好成品请验单、请验。成品交成品库暂时寄库。
4.2.2.6 成品检验合格后，包装班班长应及时与成品仓库管理员一起办好产成品入库手续，填写入库单，使成品入库。

4.3 生产结束清场

4.3.1 将剩余的产品集中，送包装班长保管，与下批拼箱。
4.3.2 收集整理剩余未打批号的标签、说明书、外盒等，计数后退回包装班长。
4.3.3 收集破损、已打批号未使用完和批号打印不合格的标签、说明书、小盒、中盒等计数后，由质量员监督销毁。计算标签、说明书、小盒、中盒的实用数、报废数和剩余数应与领用数相等。进行物料平衡计算，结果不符立即查找原因，进行偏差处理。
4.3.4 按"一般生产区环境清场规程"清场。

4.4 注意事项

4.4.1 包装间严禁两批产品或不同品种的产品同时进行生产。
4.4.2 标签、外盒应严格按计数发放规定管理，及时填写发放记录。

项目三 小容量注射剂

注射剂系指药物制成的供注入体内的灭菌溶液、乳状液、混悬液,以及供临用前配成溶液或混悬液的无菌粉末或浓溶液。

根据剂型特点,注射剂可分为大容量注射剂、小容量注射剂及粉针剂。

本项目主要介绍《中华人民共和国药典》2005年版(二部)收载的小容量注射剂的生产。小容量注射剂生产洁净区域划分及工艺流程见图3-1。

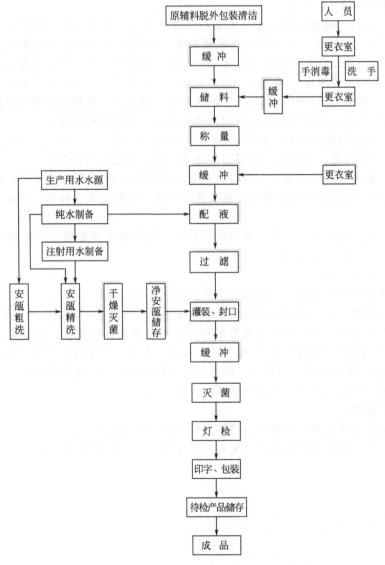

图3-1 小容量注射剂生产洁净区域划分及工艺流程

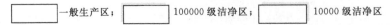

> **批生产指令**
>
> 指令号：　　　号　　　　　　　　　　　　　　　　　　　　　编号：
>
> | 产品名称：维生素C注射剂 | 产品规格：2mL | 产品批号： |
> |---|---|---|
>
> 计划产量：100000mL
>
> 开始日期：　　年　　月　　日
>
> 结束日期：　　年　　月　　日
>
> 要求：
> 处方：维生素C　　10400g
> 　　　碳酸氢钠　　4900g
> 　　　依地酸二钠　5g
> 　　　亚硫酸氢钠　200g
> 　　　注射用水　　加至100000mL
> 工艺：稀配法
>
> 签发者：　　　　　　　　　　　　　　　　　　　　　　　　　　　日期：

模块一　注射用水的制备

详见项目一模块二。

模块二　安瓿的处理

一、职业岗位

理洗瓶工。

二、工作目标

1. 能按"批生产指令"领取安瓿，做好理洗瓶的其他准备工作。
2. 知道GMP对理洗瓶过程的管理要点，知道典型理洗瓶机的操作要点。
3. 按"批生产指令"执行典型理洗瓶机的标准操作规程，完成生产任务，生产过程中监控安瓿的质量，并正确填写理洗瓶原始记录。
4. 其他参见项目二模块一。

三、准备工作

（一）职业形象

操作人员按"一般生产区生产人员进出标准程序"穿好工作服进入理瓶间。按"100 000级洁净区生产人员进出标准程序"进入精洗和烘干岗位。

（二）职场环境

参见项目一模块一。

（三）任务文件

1. 一般生产区生产人员进出标准程序（见项目一模块一附件1）
2. 100 000级洁净区生产人员进出标准程序（见本模块附件1）
3. 理洗瓶岗位标准操作规程（见本模块附件2）
4. QCA121/1-20型安瓿回转式清洗机标准操作程序（见本模块附件3）

5. QCA121/1-20型安瓿回转式清洗机清洁消毒规程（见本模块附件4）
6. SZAL-400/32A安瓿隧道式灭菌干燥器标准操作程序（见本模块附件5）
7. SZAL-400/32A安瓿隧道式灭菌干燥器清洁消毒规程（见本模块附件6）
8. 物料进出洁净区清洁消毒规程（见本模块附件7）

（四）生产用物料

根据"批生产指令"领取所需量的原辅料，检查从仓库接收来的安瓿有无合格证，并核对本次生产品种的品名、批号、规格、数量、质量无误后，通过传递窗进行下一步操作。

（五）场地、设备与用具等

参见项目一模块一。

四、生产过程

执行"QCA121/1-20型安瓿回转式清洗机标准操作程序"进行洗瓶操作。执行"SZAL-400/32A安瓿隧道式灭菌干燥器标准操作程序"进行烘瓶操作。做好批生产记录。

五、结束工作

执行"100000级洁净区容器具及工器具清洁标准操作规程"，"100000级洁净区厂房清洁标准操作规程"，"QCA121/1-20型安瓿回转式清洗机清洁消毒规程"，"SZAL-400/32A安瓿隧道式灭菌干燥器清洁消毒规程"，"洁净区地漏清洁标准操作规程"进行各项清洁。

六、可变范围

以QCA121/1-20型安瓿回转式清洗机和SZAL-400/32A安瓿隧道式灭菌干燥器为例，其他清洗机和灭菌干燥器等设备参照执行。

七、基础知识

安瓿用来灌装各种不同的注射剂，不仅在制造过程中需经高温灭菌，并且要在各种不同环境下长期储藏。因此，药液与玻璃表面在长期接触过程能互相影响、往往使注射剂发生质的变化。如pH值改变、沉淀、变色、脱片等。

八、法律法规

《药品生产质量管理规范》1998年版相关内容。

九、实训考核题

1. 试写出安瓿回转式清洗机主要部件名称并指出其位置（不少于5种）。
2. 试写出水针生产的环境要求，包括洁净度级别、温度、相对湿度、压差等方面的要求。

附件1　100000级洁净区生产人员进出标准程序

100000级洁净区生产人员进出标准程序		登记号		页数	
起草人及日期：		审核人及日期：			
批准人及日期：		生效日期：			
颁发部门：		收件部门：			
分发部门：					

液体制剂技术

1 **目的**：规范人员进出小容量注射剂100000级洁净区。
2 **范围**：适用于小容量注射剂100000级洁净区。
3 **职责**：所有进出小容量注射剂100000级洁净区的操作人员及其他相关人员应遵守本程序的相关操作。
4 **程序**

 4.1 进入大厅，将携带物品（雨具等）存放于指定位置。

 4.2 在换鞋间脱下生活鞋放在鞋柜朝外的一侧，在鞋柜内侧换上缓冲拖鞋。

 4.3 进入一般生产区更衣室，脱生活外衣，穿白大褂，戴上帽子。摘掉戒指、手链、耳环、手表等饰物，放入衣柜中锁好。

 4.4 通过一般生产区走廊进入大容量注射剂100000级洁净区更衣室，按下列顺序更衣：更衣前室→脱外衣间→洗手间→穿洁净衣间→缓冲间→洁净区走廊。

  4.4.1 通过更衣前室进入脱外衣间。

  4.4.2 在脱外衣间脱掉一般生产区工作服（白大褂、帽子）挂在挂衣架上，脱缓冲拖鞋放入换鞋柜中，穿洁净区工作鞋进入洗手间。

  4.4.3 在洗手间按"洁净区双手清洁消毒规程"洗手。洗手完毕进入穿洁净衣间。

  4.4.4 在穿洁净衣间，按各人编号从标示"已清洁"的洁净袋中取出自己的洁净服，先穿连帽上衣再穿连袜裤，上衣要扎在裤子里面，扎紧领口、袖口，头发要全部塞在帽子里面。

  4.4.5 穿洁净服完毕，进入缓冲间，用感应式手消毒器双手消毒后进入小容量注射剂100000级洁净区走廊。

 4.5 工作结束后，按进入程序逆向顺序脱洁净服，装入原衣袋中，换上白大褂和缓冲拖鞋，离开洁净区。

附件2　理洗瓶岗位标准操作规程

理洗瓶岗位标准操作规程		登记号	页数
起草人及日期：		审核人及日期：	
批准人及日期：		生效日期：	
颁发部门：		收件部门：	
分发部门：			

1 **目的**：规范理洗瓶标准操作。
2 **范围**：适用于理洗瓶岗位。
3 **职责**：本岗位操作人员应遵守本规程的相关操作。
4 **程序**

 4.1 理瓶、粗洗岗位标准操作程序

  4.1.1 操作人员按"一般生产区生产人员进出标准程序"穿好工作服进入理瓶间，岗位负责人根据"批生产指令"检查所领安瓿的规格、数量（件数）、产地无误后通知操作人员开始理瓶。

  4.1.2 操作人员从储瓶区将安瓿搬至洁净区，用毛巾擦去纸箱外层灰尘，在理瓶区开箱，检查有无生产合格证。

  4.1.3 操作人员从盛盘架取下理瓶盘，将安瓿瓶口朝上整齐推至理瓶盘上，挑出不规格安瓿和破瓶，放至废瓶盘内，同时将纸箱和纸盒等放至废弃物存放处。

4.1.4 粗洗。

4.1.4.1 将注水机水箱放满水后，接通水泵电源，接通传动电机电源。通知理瓶间上瓶。

4.1.4.2 理瓶人员将理好的安瓿经输送口送上注水机进料工作台并推上链条进行清洗。

4.1.4.3 打开甩水机门将洗后的安瓿盖上网盖放入盘架内，转动转架依次放入四盘，关门开启电源进行甩水，15秒钟后，按停机按钮停机，脚踏刹车停止转动后拿出盘。

4.1.4.4 安瓿应经注水机、甩水机洗涤两次，洗涤过程中应检查注水压力为0.1~0.2MPa，如发现漏水及异常情况应立即停车检查。

4.1.4.5 洗后安瓿经传递窗紫外灯照射30分钟后传入精洗间，洗涤中操作要轻拿轻放，甩水机停稳后方可拿盘。

4.1.5 生产结束清场，退出废弃物（纸箱、碎玻璃），认真填写生产记录。

4.1.6 理瓶用盘用毕，用纯化水擦洗干净，放理瓶间晾干后待用。

4.2 安瓿洗涤岗位标准操作程序

4.2.1 准备。

4.2.1.1 岗位操作人员按"10000级洁净区生产人员进出程序"进入岗位检查状态标识，检查并清洁厂房、清洗机、灭菌干燥机。

4.2.1.2 检查纯化水和注射用水澄明度，若不合格更换过滤器。

4.2.1.3 检查注射用水温度不低于50℃，低于50℃可启动辅助电源。

4.2.1.4 检查注射用水压力，压缩空气压力不低于0.3MPa。

4.2.1.5 根据"批生产指令"调整清洗机栅门和灭菌干燥机。

4.2.1.6 给灭菌干燥机设置灭菌程序（350℃，5分钟），升温。

4.2.2 精洗、烘干。

4.2.2.1 按"安瓿隧道式灭菌干燥机操作程序"开机设置灭菌程序（350℃，5分钟），升温。

4.2.2.2 待温度升至350℃后，按"安瓿超声波清洗机标准操作程序"开启清洗机。

4.2.2.3 将安瓿送入进瓶料斗，随即喷淋灌水（纯化水）外表冲洗并缓慢进入水槽。进行超声波预清洗，1分钟后密集安瓿分散进入栅门通道被分离并逐个定位，借助于推瓶器和引导器，使针管顺利插入安瓿。安瓿呈倒置状态经循环水（10μm、3μm）冲洗2次，压缩空气（0.45μm）吹气，排循环水1次，再经50℃的注射用水（0.45μm）冲洗1次，最后，再吹气两次排除瓶内残留水，经出瓶工位脱离针筒，送入翻瓶器内。

4.2.2.4 安瓿经清洗机清洗翻瓶后，直立密排被推上烘箱进瓶段的不锈钢输送带，密排进入高温灭菌段。经净化空气加温灭菌后，规范进入冷却段冷却至室温后待灌封。

4.2.2.5 生产时首先检测洗后瓶澄明度合格后方可进入烘箱；测烘后瓶澄明度合格方可正式清洗，清洗过程中应经常检查洗瓶质量，压缩空气压力。

4.2.2.6 生产过程中，应检查水气压力分别控制在0.25MPa和0.3MPa，经常检查清洗机与烘箱接口处匹配情况，时刻注意控制箱指示灯，遇异常情况按"清洗机和灭菌干燥机标准操作程序"项下处理。生产过程中每隔1小时检查一次洗后安瓿澄明度，每30分钟检查一次灭菌条件显示仪表，并认真填写生产记录。

4.2.3 结束工作。

4.2.3.1 关闭主机、超声波、循环水泵、压缩空气进口截止阀。按下灭菌干燥电热关闭按钮，当隧道内温度降至100℃以下时自动关机。

4.2.3.2 按"QCA121/1-20型安瓿回转式清洗机标准操作程序"和"SZAL-400/32A安瓿隧道式灭菌干燥器标准操作程序"结束工作项下，清理残留碎玻璃瓶，按"水针车间物料进出程序"处理废弃物。

4.2.3.3 按"安瓿洗涤岗位设备标准清洁程序"清洁设备容器具，按"水针车间10000级区标准清洁程序"清洁环境，经检查合格后方可按"10000级洁净区生产人员进出标准程序"离开岗位。

附件3 QCA121/1-20型安瓿回转式清洗机标准操作程序

QCA121/1-20型安瓿回转式清洗机标准操作程序		登记号		页数	
起草人及日期：		审核人及日期：			
批准人及日期：		生效日期：			
颁发部门：		收件部门：			
分发部门：					

1 目的： 建立安瓿回转式清洗机标准操作程序，保证设备安全正常运行。
2 范围： 适用于水针车间洗瓶岗位。
3 职责： 操作人员对本程序实施负责，QA人员负责监督检查。
4 程序

4.1 开车前准备
4.1.1 送瓶斗加瓶（通道至喷淋器一段安瓿必须是预先灌满水的安瓿）。
4.1.2 接通电源，开启进水截止阀，排除终端过滤器内空气。
4.1.3 开启角阀向水槽内直接放水，待水位开至溢流口高度时，启动循环水泵，排除粗细两循环水过滤器内空气后，当水位又一次开至溢流口时，关闭放水角阀，暂停循环水泵。
4.1.4 水槽水温低于50℃时，可启动辅助电热器，如水温达到50℃时，不必启动辅助电热器。
4.1.5 仔细检查浸入水中的安瓿是否有未灌满而上浮的、倾斜的或卧倒瓶子，并予以剔除。
4.1.6 装好压瓶、保护罩。
4.1.7 当干燥器达到设定灭菌温度350℃后，即可启动运行清洗机。

4.2 清洗机运行
4.2.1 开启压缩空气进气截止阀，调节喷水、喷气角阀，水气压力分别控制在0.25～0.3MPa，启动循环水泵，开启喷淋灌水球阀，启动超声波。
4.2.2 启动清洗机至设定机速，以球阀调节出瓶吹气压力，压力大小以出瓶顺利为准。
4.2.3 联动运行时，要经常查看清洗机控制箱上4个灌封机运行指示灯，如遇瓶多指示灯亮，应及时微调降速。否则相隔一定时间后，瓶堵指示灯亮，清洗机会自动停车；如遇瓶少指示灯亮，应及时微调增速。3个指示灯全灭为灌封机最佳储瓶状态。第4个灯亮为灌封机处于工作状态；灯灭表示不工作，闪烁表示灌封机故障停车。

4.3 结束工作
4.3.1 关闭主机、超声波、循环水泵、压缩空气进口截止阀。
4.3.2 将清洗机出口安瓿用推板缓慢进入烘箱网带上，并在后面放上压块，以防倒瓶。
4.3.3 把干燥器控制箱上联动开关拨向放空位置，箱内安瓿能自动按需供应灌封机。
4.3.4 卸去进瓶，拆针鼓防护罩，拔去溢流管，水槽放水，粗细循环水过滤器放空，排水后关闭。
4.3.5 用终端水过滤器上排放口，接上管子来冲洗针鼓。
4.3.6 打开水槽门，清扫箱内碎玻璃及洗刷循环水泵吸头后关闭，插上溢流管，清洗完毕后关闭进水截止阀和排放口，罩上罩壳。

附件 4 QCA121/1-20 型安瓿回转式清洗机清洁消毒规程

QCA121/1-20 型安瓿回转式清洗机清洁消毒规程		登记号	页数
起草人及日期：		审核人及日期：	
批准人及日期：		生效日期：	
颁发部门：		收件部门：	
分发部门：			

1 **目的：** 建立安瓿回转式清洗机清洁消毒规程，保证设备安全正常运行。
2 **范围：** 适用于水针车间洗瓶岗位。
3 **职责：** 操作人员对本规程实施负责，QA 人员负责监督检查。
4 **程序**
 4.1 切断电源。
 4.2 用微潮毛巾或绸布擦拭设备内部。
 4.3 用潮湿毛巾擦拭设备外部，保持设备本色。
 4.4 切记不要使电器元件碰到水。

附件 5 SZAL-400/32A 安瓿隧道式灭菌干燥器标准操作程序

SZAL-400/32A 安瓿隧道式灭菌干燥器标准操作程序		登记号	页数
起草人及日期：		审核人及日期：	
批准人及日期：		生效日期：	
颁发部门：		收件部门：	
分发部门：			

1 **目的：** 建立隧道式灭菌干燥器标准操作程序，保证设备安全正常运行。
2 **范围：** 适用于水针车间灭菌烘箱岗位。
3 **职责：** 操作人员对本程序的实施负责，QA 人员负责监督检查。
4 **程序**
 4.1 开车前的准备
  4.1.1 检查隧道内灭菌两端升降门及出瓶口罩的下边，内平面是否处于离直立在网带上的安瓿口 15～20mm 距离的位置（安瓿规格更换后尤应注意）。
  4.1.2 前后升降门的调节，将手轮拉出并向左或右旋转，调整好距离后将手轮推入，即锁定在调整好的高度。
  4.1.3 检查排风风门是否开启在合适的位置上，风门位置的调节可拉出排风风门锁定钮，将风门锁定在合适挡次上（一般初步工作时指针定在第 4 挡，根据生产情况进行调整，刻度板上"0"挡表示风门关闭，"9"挡为风门开足）。
 4.2 运行
  4.2.1 合上总电源开关，指示灯亮，电压表指示输入电压值，数显窗有数字显示，显示板上指示灯开始闪烁，电源接通。
  4.2.2 设定隧道工作温度，取下数显调节仪透明罩，将拨动开关向右拨向"设定"位置，旋转温度按钮，将显示窗所显示的温度值调至设定的温度，完毕后将拨动开关拨至"测量"位置，盖上透明外罩。

4.2.3 按"自动电子记录仪标准操作程序"进行操作，做好温度记录准备。

4.2.4 将预热钥匙开关及检修开关向左转至工作位置，将联动放空开关向左转至联动位置，按下复零按钮，显示板上指示灯灭。

4.2.5 按下开机按钮，按钮上指示灯亮。

4.2.6 数秒钟后数显窗上已设定的频率数字开始闪烁。依此按下正转键，待数显窗的频率数重新跳至设定频率后，前后层流风机、热风机已启动完毕，显示板上绿色指示灯亮，随后排风机自动启动，若风机电机有故障，则红色指示灯亮。

4.2.7 按下电热开启按钮，指示灯亮，同时电流表显示电流值，显示板上指示灯亮，机内开始升温，全机启动完毕。

4.3 结束工作

4.3.1 当洗瓶机最后一排安瓿送入进瓶斗后，即可将联动放空开关向右转至"放空"位置，指示灯亮，同时打开隔离门，用刮板将安瓿缓缓推上输送网带，再在安瓿后部紧靠安瓿放上挡瓶块。

4.3.2 待挡瓶块走出隧道后，即可按下电热关闭按钮，指示灯灭。

4.3.3 按下关机按钮，此时风机继续运转，当隧道内温度降至100℃以下时会自动关机，红色指示灯灭。

4.3.4 将总电源开关向下拨至"分"位置，并将排风风门指针指向"0"挡锁定。

附件6 SZAL-400/32A 安瓿隧道式灭菌干燥器标准清洁消毒规程

SZAL-400/32A 安瓿隧道式灭菌干燥器标准清洁消毒规程		登记号	页数
起草人及日期：		审核人及日期：	
批准人及日期：		生效日期：	
颁发部门：		收件部门：	
分发部门：			

1 **目的**：保持安瓿隧道式灭菌干燥器的洁净，防止交叉污染。
2 **范围**：适用于安瓿隧道式灭菌干燥器的清洁。
3 **职责**：操作人员对本规程实施负责，QA人员负责监督检查。
4 **程序**

4.1 清洁频次

4.1.1 生产前、生产结束后清洁一次。

4.1.2 每星期生产结束后消毒一次。

4.1.3 每月刷洗一次传送带。

4.1.4 特殊情况随时清洁、消毒。

4.2 清洁工具

毛刷、不脱落纤维的清洁布、橡胶手套、清洁盆、镊子。

4.3 清洁剂

雕牌洗涤剂。

4.4 消毒剂

5%甲酚皂溶液，0.2%苯扎溴铵溶液，75%乙醇溶液。

4.5 清洁方法

4.5.1 生产前：用清洁布清洁网带、挡瓶片。

4.5.2 生产结束后清洁。

4.5.2.1 取下底座上的门，清除底座内的浮尘及杂物，并用水冲洗，注意不要把水溅到电机和电控箱上。

4.5.2.2 设备表面用清洁布擦拭清除表面污渍。

4.5.3 每周生产结束清洁后，用消毒剂彻底消毒设备各表面。

4.5.4 填写设备清洁记录，经QA人员检查合格后，贴挂"已清洁"状态标识牌。

4.6 清洁效果评价

目测设备各表面光亮洁净，无可见污渍。

4.7 清洁工具清洗及存放

按清洁工具清洁规程，在清洁工具间清洗、存放。

附件7 物料进出洁净区清洁消毒规程

物料进出洁净区清洁消毒规程		登记号		页数	
起草人及日期：			审核人及日期：		
批准人及日期：			生效日期：		
颁发部门：			收件部门：		
分发部门：					

1 目的： 规范物料进出洁净区的清洁消毒规程。

2 范围： 适用于进出洁净区物料的清洁和消毒。

3 职责： 相关操作人员对本规程的实施负责，QA人员负责监督检查。

4 程序

4.1 输液瓶在清包间清除外包装，进入理瓶区，经粗洗后由流水线至10000级精洗区再进入灌装工序。

4.2 输液胶塞在清包间清除外包装，通过传递窗进入10000级洁净区，每次胶塞传入时，应保证在传递窗内开启紫外灯的消毒时间5～10分钟，进入胶塞清洗间的胶塞如未清洗不得传出胶塞清洗间。

4.3 生产用原辅料进入100000级洁净区（浓配工序）清洁程序。

4.3.1 在清包间清除外包装，用抹布擦拭物料包装上的灰尘。

4.3.2 打开传递窗外侧门放入物料，关闭外侧门，开紫外灯照射5～10分钟。

4.3.3 消毒完毕，打开传递窗内侧门，取出物料放置于物料暂存间待用。

4.4 注射剂稀配所需物料进入10000级洁净区（稀配间）清洁消毒程序。

4.4.1 浓配料由料液管输送至稀配罐。其他物料按以下方式清洁后进入。

4.4.2 先在清外包间用吸尘器对外包装除尘，脱去外包装，或用湿绸布将外包装擦拭干净，并用75%酒精擦拭物料包装外壁进行消毒。

4.4.3 打开传递窗外侧门，将物料放入传递窗，关闭外侧门，开紫外灯照射5～10分钟。

4.4.4 消毒完毕，10000级洁净区操作人员打开传递窗内侧门取出物料，放于操作间指定位置。

4.5 操作间剩余物料及生产废弃物传出后洁净区的清洁消毒。

4.5.1 操作间剩余物料及生产废弃物须及时装入废物袋、密封袋口。
4.5.2 废物袋传出后，应立即对传递窗进行清洁消毒。
4.6 清洁工具的清洗及存放：按照"生产区清洁工具使用及清洁保管规程"进行清洗及存放。

模块三　配液

一、职业岗位
注射液调剂工。

二、工作目标
1. 能按"批生产指令"领取原辅料，完成配料操作并做好配液的其他准备工作。
2. 知道 GMP 对配液过程的管理要点，知道配液的操作要点。
3. 按"批生产指令"执行配液的标准操作规程，完成生产任务，生产过程中监控安瓿的质量，并正确填写配液原始记录。
4. 其他同项目一模块二。

三、准备工作

（一）职业形象
操作人员按"10000 级洁净区生产人员进出标准程序"进入配液岗位，检查状态标识（见本模块附件 4）。

（二）职场环境
同项目一模块一。

（三）任务文件
1. 配液岗位标准操作规程（见本模块附件 1）
2. 稀配罐标准操作程序（见本模块附件 2）
3. 稀配罐清洁消毒规程（见本模块附件 3）
4. 10000 级洁净区生产人员进出标准程序（见本模块附件 4）

（四）生产用物料
对从配液岗位接收来的药液应检查有无合格证，并核对本次生产品种的品名、批号、规格、数量、质量无误后，进行下一步操作。

（五）场地、设备与用具等
同项目一模块一。

四、生产过程
执行"配液岗位标准操作规程"，按"稀配罐标准操作程序"操作，完成生产。

五、结束工作
执行"稀配罐清洁消毒规程"，"10000 级洁净区容器具及工器具清洁标准操作规程"，

"10000级洁净区厂房清洁标准操作规程","洁净区地漏清洁标准操作规程"进行各项清洁。

六、可变范围

以稀配法为例制备,实际操作还有浓配法。

七、基础知识

配制药液有两种方法:稀配法和浓配法。配制必须使用新鲜注射用水,《中华人民共和国药典》2005年版(二部)规定注射用水生产后必须在12小时内使用。

投料计算:

$$原料实际用量 = \frac{原料理论用量 \times 成品标示量}{原料理论含量}$$

$$原料理论用量 = 实际配液数 \times 成品含量$$

$$实际配液数 = 实际灌装数 + 实际灌装时损耗量$$

八、法律法规

《药品生产质量管理规范》1998年版相关内容。

九、实训考核题

1. 试写出配液罐主要部件名称并指出其位置(不少于5种)。

2. 试写出水针剂生产的环境要求,包括洁净度级别、温度、相对湿度、压差等方面的要求。

3. 配制操作。

附件1 配液岗位标准操作规程

配液岗位标准操作规程		登记号		页数	
起草人及日期:			审核人及日期:		
批准人及日期:			生效日期:		
颁发部门:			收件部门:		
分发部门:					

1　**目的**：建立配液岗位标准操作规程。
2　**范围**：适用于配液岗位。
3　**职责**：操作人员对本规程的实施负责,QA人员负责监督检查。
4　**程序**
　4.1　准备
　　4.1.1　操作人员按"10000级洁净区生产人员进出标准程序"进岗,准备洁具,检查并清洁环境、设备、容器具。
　　4.1.2　据"批生产指令"核对原辅料品名、批号、规格及数量应一致。
　　4.1.3　通知质量部取水,检查注射用水澄明度及内毒素应合格方可配制。
　　4.1.4　检查衡器、量筒等测量仪器应在校正有效期内。
　4.2　称量

4.2.1　校对衡器和pH计。

4.2.2　将所用原辅料在存料间用绸布蘸75%乙醇溶液擦外壁，拿至称量室，用卡丝钳或剪刀启封，检查原料色泽及外观质量。

4.2.3　按"批生产指令"准确称量，称量时，先校对天平调零，称取处方量的原辅料，称量结束，将活性炭倒至烧杯中加少量注射用水润湿，原料倒入带盖不锈钢盆加盖分别拿至浓配室。

4.2.4　称量时，要求一人操作，一人复核，并填写生产记录，且称量动作轻缓并在捕尘器下操作，称量结束将剩余原辅料封口放至存料间并做好记录。

4.3　配制

4.3.1　检查安装除碳过滤器（1.2μm滤膜）、粗滤器（0.45μm）、氮气过滤器快装管件，开启压缩空气检查各节口无泄漏。

4.3.2　开启注射用水阀门，放入处方量80%的注射用水，从物料口将原料倒入罐内，不锈钢盆和盖内壁用注射用水冲干净，冲洗液倒入罐内加盖根据处方要求开启夹层蒸汽使液温至处方规定刻度，开动搅拌桨5分钟使主药溶解。

4.3.3　停止搅拌，将活性炭加入浓配罐内，烧杯用注射用水冲干净，冲洗液倒入罐内，盖上盖，加注射用水至要求的量，并加热到规定的温度，开启搅拌15分钟。

4.3.4　停止搅拌，开通压缩空气将药液从浓配罐经除碳过滤器、粗滤器打至稀配罐，过滤时先检查初滤液无漏碳方可连续过滤。

4.3.5　由岗位负责人填写中间体请验单，从取样口取适量药液至磨口锥形瓶中，通知质量部取样检验，同时通知制水岗位开通氮气管道，向稀配罐通入氮气。

4.3.6　中间体检验需测试药液色泽、pH值、含量、澄明度，测出结果后调节指令，用0.1%NaOH或0.1%盐酸调pH至处方要求范围，加入调节指令规定量的合格注射用水，灌封开始后将药液由稀配罐经精滤器（0.2μm）打至灌封间待用。

4.3.7　配制过程中须一人操作，一人复核，并认真填写生产记录。

4.4　清场

配液操作人员待灌封结束后关掉水、压缩空气、电源、氮气，按"清场标准操作程序"清场，经检查合格后，按"10000级洁净区生产人员进出标准程序"离开岗位。

4.5　配液罐升温、降温程序

4.5.1　打开蒸汽进口阀门和冷凝水排出阀门，使罐体升温，通过调节进气量来调节温度。

4.5.2　打开冷却进口阀和出口阀，使夹层降温，通过调节进水量调节罐体温度。

附件2　稀配罐标准操作程序

稀配罐标准操作程序		登记号	页数
起草人及日期：		审核人及日期：	
批准人及日期：		生效日期：	
颁发部门：		收件部门：	
分发部门：			

1　**目的**：建立稀配罐标准操作程序，保证设备安全正常运行。
2　**范围**：适用于水针车间稀配岗位。
3　**职责**：稀配岗位操作人员对本程序实施负责。

4 程序
　4.1 稀配罐进料前检查
　　4.1.1 检查电源接地线是否牢固。
　　4.1.2 机械密封的静密封环、动密封环处是否有润滑油膜，防止干摩擦，如缺少加入食品级润滑油。
　　4.1.3 检查搅拌桨联结情况，点动电机，确认旋转方向，减速机是否漏油。
　　4.1.4 盖紧人孔盖，关闭出料阀门。
　4.2 运行
　　4.2.1 打开进料阀门，达到要求液面。
　　4.2.2 关闭进料阀门，按下电源门，设备运行。
　　4.2.3 工作结束，切断电源，清理设备、环境卫生，保持设备整洁。

附件3　稀配罐标准清洁消毒程序

稀配罐标准清洁消毒程序		登记号	页数
起草人及日期：		审核人及日期：	
批准人及日期：		生效日期：	
颁发部门：		收件部门：	
分发部门：			

1　目的：建立稀配罐标准清洁消毒程序，保证设备整洁，安全正常运行。
2　范围：适用于水针车间稀配岗位。
3　职责：稀配岗位操作人员对本程序实施负责，QA人员监督检查。
4　程序
　4.1 工作结束，放净物料，清洗设备内部。
　4.2 开启纯净水阀门，使喷淋球旋转，一定时间后开启排污阀门，重复进行2～3次。
　4.3 再开启注射用水阀门，使喷淋球旋转，一定时间后开启排污阀门，放净，关闭阀门。
　4.4 每班工作前用纯蒸汽通入灭菌一次，时间30分钟。
　4.5 设备外部清洗，用绸布蘸消毒液，擦拭1～2次。
　4.6 设备外联管线拆下，用纯净水清洗，送灭菌器内灭菌。

附件4　10000级洁净区生产人员进出标准程序

10000级洁净区生产人员进出标准程序		登记号	页数
起草人及日期：		审核人及日期：	
批准人及日期：		生效日期：	
颁发部门：		收件部门：	
分发部门：			

1　目的：规范人员进出水针车间10000级洁净区。
2　范围：适用于水针车间10000级洁净区。
3　职责：所有进出10000级洁净区的操作人员及其他相关人员应遵守本程序的相关规定。

4 程序

4.1 进入大厅,将个人携带物品(雨具等)存放于指定位置,然后在换鞋间脱去生活鞋,穿缓冲拖鞋,进入一般区更衣室。

4.2 在一般区更衣室脱下外衣,放入自己的更衣柜内,摘掉戒指、手链、项链、耳环、手表等饰物,放入衣柜内锁好,换上白大褂,进入一般区走廊。

4.3 通过一般区走廊进入10000级洁净区更衣室。10000级洁净区更衣流程如下:更衣前室→脱外衣间→洗手间→穿洁净衣间→缓冲间→洁净区走廊。

4.3.1 通过更衣前室进入脱外衣间。

4.3.2 在脱外衣间,脱掉白大褂,挂在挂衣架上。脱缓冲拖鞋放入换鞋柜内,穿洁净区工作鞋进入洗手间。

4.3.3 在洗手间按"洁净区双手清洗消毒规程"进行洗手。洗手完毕进入穿洁净衣间。

4.3.4 在穿洁净衣间从"已灭菌"标识的灭菌袋中按各人编号取出自己的洁净服,检查无误后再更无菌外衣,戴口罩。无菌衣采取上衣连帽、下衣连袜样式。先穿连帽上衣再穿连袜裤,上衣要扎在下衣里面。扎紧领口、袖口,头发要全部塞在帽子里不得外露,穿无菌工作服时注意不得将无菌服接触到地面。

4.3.5 穿洁净衣完毕进入缓冲间,用感应式手消毒器双手消毒后进入10000级洁净区走廊。

4.4 退出洁净区时,按进入程序逆向顺序在10000级洁净区更衣室进行更衣(不需手部消毒),将无菌服换下装入原袋中,贴挂"待清洗"标识。穿上白大褂,离开洁净区。

模块四 灌封

一、职业岗位

水针剂灌封工。

二、工作目标

1. 能按"批生产指令"领取洗烘后安瓿,做好灌封的其他准备工作。
2. 知道GMP对灌封过程的管理要点,知道典型灌封机的操作要点。
3. 按"批生产指令"执行典型灌封机的标准操作规程,完成生产任务,生产过程中监控灌封的质量,并正确填写灌封原始记录。
4. 其他同项目一模块二。

三、准备工作

(一)职业形象

操作人员按"10000级洁净区生产人员进出标准程序"进入灌封岗位,检查状态标识(见本项目模块三附件4)。

(二)职场环境

参见项目一模块一。

(三)任务文件

1. 灌封岗位标准操作规程(见本模块附件1)
2. 灌封机标准操作程序(见本模块附件2)

3. 灌封机清洁消毒程序（见本模块附件 3）

（四）生产用物料

对从配液岗位接收来的安瓿应检查有无合格证，并核对本次生产品种的品名、批号、规格、数量、质量无误后，通过泵传送到高位罐，进行下一步操作。

（五）场地、设备与用具等

参见项目一模块一。

四、生产过程

执行"灌封岗位标准操作规程"，按"灌封机标准操作程序"完成生产。

五、结束工作

执行"10000 级洁净区容器具及工器具清洁规程"，"10000 级洁净区厂房清洁规程"，"洁净区周转车清洁规程"，"灌封机清洁消毒程序"，进行各项清洁。

六、可变范围

以 ALG 系列安瓿拉丝灌封机为例，其他设备参照执行。

七、基础知识

灌封即灌装和熔封，这是注射剂生产中非常关键的操作，灌封操作通常都是暴露在环境空气中进行的，因此必须严格控制环境洁净度，并尽量缩短药液暴露的时间。

八、法律法规

《药品生产质量管理规范》1998 年版相关内容。

九、实训考核题

1. 试写出水针灌封机主要部件名称并指出其位置（不少于 5 种）。
2. 试写出水针生产的环境要求，包括洁净度级别、温度、相对湿度、压差等方面的要求。
3. 如何调节灌装速度、封口质量？

附件 1 灌封岗位标准操作规程

灌封岗位标准操作规程		登记号	页数
起草人及日期：		审核人及日期：	
批准人及日期：		生效日期：	
颁发部门：		收件部门：	
分发部门：			

1 目的：建立水针车间灌封岗位操作规程。
2 范围：适用于水针车间灌封岗位。
3 职责：操作人员对本程序的实施负责，QA 人员负责监督检查。
4 程序
    4.1 操作人员按"10000 级洁净区生产人员进出标准程序"进入岗位。检查岗位状态

液体制剂技术

与状态表示一致，准备所需容器及洁具并对厂房设备进行清洁。

4.2 根据"批生产指令"调节灌封机磁板，安装快装管道、精滤器、氮气过滤器，接通氢氧发生器管道，按"灌封机标准操作程序"调整灌封机。

4.3 检查烘后安瓿规格与批生产指令相符合并检查烘后安瓿澄明度。

4.4 双人复核灌封指令，并在生产记录上签字。

4.5 安装调整结束，通知氢氧发生岗位开机，通知配液岗位上药，按"罐封机标准操作程序"开启灌封机，放入少量安瓿，检查灌封机运转应正常，检查并校正灌封装量，检查封口后安瓿的长度，外观无封口不严、鼓泡、焦头，否则据"灌封机标准操作程序"调节装量，调节火焰大小高度。

4.6 调试正常后，通知制水岗位送氮气。

4.7 通知精洗岗位送瓶，开机正式灌封。

4.8 灌封过程中应检查烘后瓶澄明度（每小时一次），灌封装量（每30分钟1次）并随时检查外观，检查时双人复核并记录。

4.9 灌封后的安瓿按检查时间，整齐分开放置在存放架上并注明检查时间、结果，灌封中若发现检查项目不合格应及时调整，连续检查时间间隔的产品为不合格中间产品，按"不合格品处理程序"进行处理，灌封中的废弃物应放在"废弃物"桶内。

4.10 灌封结束停机、关掉电源通知精洗（烘箱内无瓶）制水岗位，氢氧发生岗位停机，灌封人员应先关氧气阀门，待管内氧燃尽后再关煤气针形阀及阀门，将合格的产品经传递窗传至灭菌间进行灭菌，把碎玻璃（特别是安瓿通道处）、剩余安瓿及废弃物按"水针车间物料进出程序"传出岗位。

4.11 灌封结束，操作人员按"灌封机消毒清洁程序"清洁灌封机，按"水针车间10000级区清洁程序"清洁厂房，按"水针车间容器具清洁程序"清洁容器具。

4.12 操作人员认真填写生产记录，经质量员检查合格并签字后方可按"10000级洁净区生产人员进出标准程序"离开岗位。

附件2 灌封机标准操作程序

灌封机标准操作程序		登记号	页数
起草人及日期：		审核人及日期：	
批准人及日期：		生效日期：	
颁发部门：		收件部门：	
分发部门：			

1 **目的**：建立灌封机标准操作程序，保证设备安全正常运行。
2 **范围**：适用于灌封机的操作。
3 **职责**：设备技术人员、灌封机操作人员对本程序的实施负责。
4 **程序**
    4.1 开机前的检查及准备
    4.1.1 用75%乙醇溶液清洁、消毒灌封机进料斗、出料斗、齿板及外壁。
    4.1.2 安装灌注系统。
    4.1.2.1 手部消毒后，从容器中取出玻璃灌注器，检查是否漏气。
    4.1.2.2 将不漏气的玻璃灌注器分两部分：粗的玻璃管带细出口的一头装入灌注器钢

套中，放入皮垫，细玻璃管带细出口的一头套上弹簧和皮垫、钢套盖，将两部分组装。

4.1.2.3 灌注器的上下出口处分别用较短的胶管连接，灌注器上胶管连接上活塞，上活塞与针头之间用胶管连接，将针头固定在针头架上，拧紧螺丝。

4.1.2.4 将灌注器底部安装在灌封机的灌注器架上，灌注器上部卡在顶杆套上。

4.1.2.5 灌注器下部胶管连接下活塞，下活塞与玻璃三通一边出口处用胶管连接，玻璃三通另一边出口处连接另一个灌注器的下活塞，玻璃三通中间上出口处用胶管连接，并用止血钳夹住。

4.1.2.6 玻璃三通下部出口处，用较长的胶管连接下活塞，放入过滤后的注射用水瓶中，冲洗灌注系统。

4.1.3 通过手轮顺时针转动，检查灌封机各部运转情况，有无异常声响、震动等，并在各运转部位加润滑油。

4.2 开机操作

4.2.1 取灭菌的安瓿，用镊子挑出碎口及不合格的安瓿，将合格的安瓿放入进料斗，取少许安瓿摆放在齿板上。

4.2.2 打开燃气阀、点燃火焰并调整火焰，启动电机，进行试开机。

4.2.3 检查针头是否与安瓿口摩擦，针头插入安瓿的深度和位置是否合适。如果针头与安瓿口摩擦，必须重新调整针头位置，使操作达到灌装技术标准。

4.2.4 根据调剂下的装量通知单，用相应体积的干燥注射器及注射针头抽尽瓶内药液，然后注入标化的量筒，在室温下检视装量不得少于其标示量。

4.2.5 观察安瓿封口处玻璃受热是否均匀。如果安瓿封口处玻璃受热不均，可将安瓿转瓶板中的顶针上下移动，使顶针面中心对准安瓿中心，安瓿顺利旋转，使封口处玻璃受热达到均匀。

4.2.6 观察拉丝钳与安瓿拉丝情况，如果钳口位置不正时，调节微调螺母，修正钳口位置，使拉丝钳的拉丝达到技术要求。

4.2.7 将灌封机各部运转调至生产所需标准，开始灌封。

4.2.8 将灌封系统的下活塞放入澄明度合格的滤液瓶中，密封瓶口，在出瓶斗处放洁净的钢盘装灌封后的安瓿。

4.2.9 灌封时，查看针头灌药情况，每隔20~30分钟检查一次装量。

4.2.10 更换针头、活塞等器具，应检查药液澄明度，装量合格后继续灌封。用镊子随时挑出灌封不良品。

4.2.11 调整灌封机各部件后，螺丝必须拧紧。

4.3 关机

灌封结束后，关闭燃气阀、关闭电源、拔下电源插头。

4.4 拆卸灌注系统。

4.5 清洁、消毒

灌封机按"灌封机清洁消毒程序"清洁、消毒。

附件3 灌封机清洁消毒程序

灌封机清洁消毒程序		登记号	页数
起草人及日期：		审核人及日期：	
批准人及日期：		生效日期：	
颁发部门：		收件部门：	
分发部门：			

液体制剂技术

1　目的：保持灌封机洁净，防止污染及交叉污染，工艺卫生及药品生产质量。
2　范围：适用于灌封机的清洁。
3　职责：灌封机操作人员对本程序的实施负责，QA人员负责监督。
4　程序

 4.1　清洁频次
 4.1.1　生产操作前、生产结束后，清洁消毒一次。
 4.1.2　更换品种时必须按本程序清洁消毒。
 4.1.3　设备维修必须彻底清洁消毒。

 4.2　清洁工具
 不脱落纤维的灭菌清洁布、橡胶手套、毛刷、清洁盆、镊子、摄子。

 4.3　消毒剂
 0.2％苯扎溴铵溶液，75％乙醇溶液。

 4.4　清洁消毒方法
 4.4.1　生产操作前：用消毒剂清洁、消毒灌封机进瓶斗、出瓶斗、齿板及外壁。
 4.4.2　生产结束后
 4.4.2.1　关闭燃气阀，关闭电源开关，拔下电源插头，拆卸灌装系统，放在指定容器内。
 4.4.2.2　将进瓶斗、出瓶斗、齿板以及灌封机各部存在的碎玻璃屑清除干净。
 4.4.2.3　用灭菌清洁布，将进瓶斗、出瓶斗、齿板以及灌封机上的药液、油垢擦拭干净，用干灭菌布擦一遍。
 4.4.2.4　用消毒剂清洁、消毒进瓶斗、出瓶斗、齿板以及灌封机外壁。
 4.4.2.5　清除灌封机周围地面玻璃屑，用消毒剂清洁、消毒地面。
 4.4.2.6　灌封机清洁消毒后，填写设备清洁记录，经QA人员检查合格，并贴挂"已清洁"状态标识卡，推出灌封室将门关严。

 4.5　清洁效果评价
 目测灌封机表面无污染，光亮清洁。

 4.6　灌注系统灭菌
 4.6.1　在洁净区清洁间，用纯化水冲洗各部件，用3％双氧水浸泡8小时，除热原。
 4.6.2　将双氧水倒掉，用0.22μm滤膜过滤的注射用水冲洗各部件5分钟，放入指定的洁净容器内，再脉动真空灭菌，经132℃灭菌5分钟后，备用。

 4.7　清洁工具的清洗消毒
 按清洁工具清洁规程对10000级洁净区清洁工具清洁、消毒，在清洁工具间指定地点存放。

模块五　灭菌

一、职业岗位

 制剂及医用制品灭菌工。

二、工作目标

 1. 能按"批生产指令"领取灌封好的注射剂，做好灭菌的其他准备工作。
 2. 知道GMP对灭菌过程的管理要点，知道典型灭菌机的操作要点。
 3. 按"批生产指令"执行典型灭菌机的标准操作规程，完成生产任务，生产过程中监控灭菌的质量，并正确填写灭菌原始记录。

4. 其他同项目一模块二。

三、准备工作

（一）职业形象

操作人员按"一般生产区生产人员进出标准程序"进入灭菌岗位检查状态标识（见项目一模块一附件1）。

（二）职场环境

同项目一模块一。

（三）任务文件

1. 灭菌岗位标准操作规程（见本模块附件1）
2. 安瓿水浴灭菌器标准操作规程（见本模块附件2）
3. 安瓿水浴灭菌机清洁消毒规程（见本模块附件3）

（四）生产用物料

按配液批号进行灭菌，同一批号需要多个灭菌柜次灭菌时，需编制亚批号。每批灭菌后应认真清除柜内遗留产品，防止混批或混药。

（五）场地、设备与用具等

同项目一模块一。

四、生产过程

执行"灭菌岗位标准操作规程"、"安瓿水浴灭菌器标准操作规程"完成生产。

五、结束工作

执行"安瓿检漏灭菌柜清洁规程"，"一般生产区厂房清洁规程"，"一般生产区周转车清洁规程"，"一般生产区地漏、排水沟清洁规程"进行各项清洁。

六、可变范围

以卧式灭菌柜设备为例，其他设备可参照执行。

七、基础知识

除采用无菌操作法制备的注射剂外，其他注射剂灌封后必须在12小时内进行灭菌。完成灭菌的产品必须进行检漏，以确保用药安全。

八、法律法规

《药品生产质量管理规范》1998年版相关内容。

九、实训考核题

1. 试写出安瓿水浴灭菌器主要部件名称并指出其位置（不少于5种）。
2. 试写出水针生产的环境要求，包括洁净度级别、温度、相对湿度、压差等方面的要求。

液体制剂技术

3. 如何设置灭菌参数？灭菌结束开后门前必须确认符合什么条件？

附件1 灭菌岗位标准操作规程

灭菌岗位标准操作规程		登记号	页数
起草人及日期：		审核人及日期：	
批准人及日期：		生效日期：	
颁发部门：		收件部门：	
分发部门：			

1 目的：规范灭菌岗标准操作。
2 范围：适用于灭菌岗位的操作。
3 职责：操作人员对规程的实施负责，QA人员负责监督检查。
4 程序

4.1 准备工作

4.1.1 操作人员按"一般生产区生产人员进出标准程序"更衣上岗。

4.1.2 清洁水浴灭菌器周围环境卫生。

4.1.3 操作人员按前端控制盘开门按钮，开门清洁水浴灭菌器、内室、消毒车、搬运车，按关门按钮关门。

4.1.4 色水配制（浓度为0.05%）：向色水罐中放入1000L纯化水，600g蓝青素，加纯化水至1200L并搅拌均匀即可。色水可循环使用，待色水颜色混浊后进行更换。

4.1.4.1 按工艺要求设置灭菌程序，灭菌程序内容：品名、批号、灭菌温度（115℃）、灭菌时间（30分钟）、F_0值（大于8）、一次清洗时间（3分钟）、二次清洗时间（3分钟），填写操作人员编号。

4.1.4.2 所有程序设置完毕，按"进入"图标后按"启动"按钮，水浴灭菌器进入工作状态。

4.1.4.3 本工作程序为先灭菌后检漏，运行阶段分别为：注水阶段（水位达中位）→升温阶段（T达115℃）→灭菌阶段（30分钟）→排压阶段1（T达90℃）→排压阶段2（水位达下水位）→真空检漏阶段1（压力为-0.08MPa）→真空检漏阶段2（水位达上水位）→真空检漏阶段3（检漏时间为3分钟）→排色水阶段（水位达下水位）→一次清洗阶段（时间为3分钟）→二次清洗阶段（时间为3分钟）→排水阶段（排水延时到$p \geqslant 0$MPa）→结束阶段。

4.1.4.4 运行过程中操作人员必须认真观察仪表显示，并记录。

4.1.5 开压缩气阀，启动压缩机，打开纯化水阀；开备用水阀；开气源阀；放空管路冷凝水；开水源阀；开色水源阀，检查压缩空气压力为0.4~0.6MPa，纯化水压力为0.2~0.4MPa，备用水源压力为0.2~0.4MPa，蒸气压力为0.3~0.5MPa，饮用水压力为0.15~0.3MPa，色水源压力为0.2~0.4MPa。

4.2 操作程序

4.2.1 接通动力电源和控制电源，置"开"位打开控制系统电源。

4.2.2 开门进箱：按"开门"按钮关前门，将消毒车拉至搬运车上，将待灭菌的安瓿放入消毒车上，推至前门将消毒车推入灭菌箱内。消毒车在灭菌箱内按单排方式排放，检查前门行进方向无障碍物后按"关门"按钮关前门。关闭后前灯亮。

4.2.3 启动操作程序。

4.2.3.1 将控制系统上、下位合闸送电,启动上位机。

4.2.3.2 按"运行"键,首先按"安瓿水浴灭菌器标准操作规程"设置灭菌程序进行灭菌检漏。

4.3 开后门出箱

4.3.1 灭菌结束后,灭菌灯灭,行程显示结束。

4.3.2 待内室表压力显示在0MPa时,按后端控制盘开门按钮,后灯灭,然后开启。

4.3.3 后门开启后,将消毒车拉进搬运车推至灯检品存放间,将待灯检安瓿整齐放入存放处做好记录,并通知质量部取样进行无菌和热原项目检查,热原项目合格后方可进行灯检。

4.4 结束工作

4.4.1 用丝光毛巾蘸纯化水擦净消毒车、搬运车,并将灭菌器室碎玻璃清除后用丝光毛巾蘸纯化水擦拭一遍,擦净后将消毒车推入灭菌器内室,检查后门确无障碍物后按后端控制盘关门按钮,后灯闪烁,完全关闭后后灯亮。

4.4.2 切断动力电源和控制电源,关闭所有阀门。

4.4.3 清洁周围环境,经质量员检查合格并签字后按"一般生产区生产人员进出标准程序"离开岗位。

附件2 安瓿水浴灭菌器标准操作规程

安瓿水浴灭菌器标准操作规程		登记号	页数
起草人及日期:		审核人及日期:	
批准人及日期:		生效日期:	
颁发部门:		收件部门:	
分发部门:			

1 目的:保证安瓿水浴灭菌器安全正常运行,确保达到灭菌要求。

2 范围:适用于水针车间水浴灭菌岗位。

3 职责:水浴灭菌岗位操作人员对本规程的实施负责。

4 程序

4.1 开机前准备工作

4.1.1 清理灭菌设备周围,做好环境卫生。

4.1.2 开压缩气阀,并观察压力表达0.3MPa以上,不得超0.6MPa。

4.1.3 开去离子水阀。

4.1.4 开备用水阀。

4.1.5 开汽源阀,并放空管路冷凝水。

4.1.6 开水源阀,为真空泵提供冷却水,并观察水源压力表在0.15~0.3MPa。

4.1.7 开色水水源阀,并观察压力表在0.2~0.4MPa。

4.1.8 接通动力电源和控制电源。

4.2 关门

4.2.1 要检查一下门密封材料有无开裂、损伤及污染。如有异常情况,及时上报车间主任,停止设备运行。

4.2.2 检查状态显示:前端(有菌端)电动平移密封门(简称前门)敞开,前门指示

液体制剂技术

灯灭，后端（无菌端）电动平移密封门（简称后门）关闭，后门指示灯亮。

4.2.3 关前门程序。

4.2.3.1 把灭菌物品全部入柜，前端操作人员确认无障碍物时，可将门轻轻推上，不能用力过猛，以免破坏门开关。

4.2.3.2 按前端控制盘控制按钮，关门过程前灯闪烁，当门完全关闭后，前灯亮。

4.3 程序启动

4.3.1 启动操作系统（微机操作系统）。

4.3.1.1 将控制系统上、下位机合闸送电，启动上位机（微机），进入操作程序主画面。

4.3.1.2 主画面有4个可选项（操作人员根据生产要求选择）

"运行"——运行灭菌程序；

"数据维护"——对存储的历史数据（每一批次的曲线记录和数据报表）的查询和打印；

"系统维护"——对程序进行修改（由专门的设备管理人员进行）；

"关机"——退出整个操作，关闭微机。

4.3.2 运行操作程序。

4.3.2.1 用鼠标双击"运行"图标，进入灭菌参数设置画面。

4.3.2.2 参数设置工作，每项参数设置后必须按回车键确认。

"品名"——输入产品的名称（可输入16个汉字、数字和字符）；

"批号"——输入产品的批号（可输入18个数字或字符）；

"灭菌温度"——输入工艺要求所定的灭菌温度（℃）（可输入3位数字）；

"灭菌事件"——输入工艺要求所定的灭菌时间（分钟）（可输入2位数字）；

"F_0值"——输入需要灭菌保证的F_0值（可输入2位数）；

"一次清洗时间"——选择药品一次清洗的时间（可输入2位数）；

"二次清洗时间"——选择药品二次清洗的时间（可输入2位数）；

"操作人员号"——输入操作人员的编号代码（可输入3位数）。

4.3.2.3 参数设置完成后，进入程序流程图画面后，不能返回参数设置画面，保证程序运行后各项参数不会被任意改动而带来灭菌失败。

4.3.2.4 流程图画面主要显示

① 画面上部显示的是当前的日期和时间；上、下控制点TH和TL的温度；灭菌器内部监测点的温度和F_0值，$F_0 1$和$F_0 4$；灭菌室的压力和程序总运行的时间。

② 画面中部显示整个灭菌设备的管路流程图，当各个阀门或泵开启时，对应的图幅下有绿色的箭头亮起，表明该元件处于开启工作状态，并且表明介质的流向。每个元件旁有一按钮，点击按钮可选择进行自动或手动操作。

③ 在画面下部显示密封门的工作状态和程序运行的阶段指示。

密封门处于关闭状态后，"关门"字变为绿色；

当程序运行到"注水"、"升温"、"灭菌"、"冷却"、"真空"、"检漏"、"一次清洗"、"二次清洗"和"结束"。任何一阶段时，该阶段的字变为绿色，并在字的后面显示该段过程的运行时间。

④ 在流程画面上有4个功能按钮。

当密封门关闭后，点击"启动"按钮，该按钮变为暗灰色，程序开始自动运行。

点击"趋势"按钮，显示程序运行过程的压力和温度曲线图。

点击"打印"按钮，进行打印（也可集中在数据维护项打印）。

点击"退出"按钮将终止运行程序，退回主画面。

4.3.2.5 运行数据维护：在主画面上双击"数据维护图标"，进入数据维护和数据查询。

① 点击"数据维护"进入图标画面，可根据产品规格对产品名称进行修改和输入，在参数设置时可以直接选择。

② 点击"查询"可对存储的历史数据进行查询。

4.3.2.6 退出操作系统：在主画面上双击"关闭"图标，并确认后关闭微机，退出整个操作系统。

4.4 开后门

在灭菌结束后，灭菌灯灭。并必须确认以下项。

4.4.1 行程显示"准备"或"结束"行程。

4.4.2 内室表压力显示在 0MPa 左右（内室压力大于 0.003MPa 时，门自锁，此门不能开启）。

4.4.3 后端操作人员按后端控制盘开门按钮，后灯灭，后门开启，可进行灭菌后出柜工作。

4.5 关后门

灭菌物全部出柜后，按后端控制盘关门按钮，关门过程后灯闪烁。如遇障碍后自行返回，待清障后，重复关门操作。当完全关闭时，后灯亮。

4.6 开前门

当后灯亮显示后门已完全关闭后，前端操作人员方可进行开前门操作。按前端控制盘开门按钮，前灯灭，前门开启，整个门控系统回到下批处理准备阶段，等待下批灭菌物入柜。

4.7 注意事项

4.7.1 程序运行过程中，密封门自动锁紧，按压开门按钮，门不动作。

4.7.2 不论是否在程序运行过程中，只要灭菌室内有正压或负压，按压"开门"键，门不动作，只有将灭菌室内压力释放，才能将门打开。

4.7.3 "开门"、"关门"按键即控制门的动作。按压"关门"键一次，门下降，再按压一次，门停止下降，再按压一次，门又开始下降。"开门"过程相同。

4.7.4 前门和后门的操作相同，相互连锁。只有前门关紧时，后门才能打开，同样只有后门关紧时，前门才能打开。

4.7.5 进入程序流程画面后，灭菌参数无法再次修改，设定参数时应特别注意。

4.7.6 避免泵的手动，自动切换按钮频繁切换。

4.7.7 在程序自动运行过程中，应保证阀或泵均处于自动控制中，如人工参与控制，应在参与完毕后，恢复到自动控制状态，否则处于手动状态的阀或泵将不受程序控制。

4.8 班后工作

4.8.1 关闭所有阀门。

4.8.2 清洗灭菌室内及消毒车，详见"安瓿水浴灭菌器清洁消毒规程"。

4.8.3 内室清洗后，将门关闭。

4.9 灭菌工作程序

4.9.1 程序准备状态——灭菌物的放入，有关参数的设定以及密封门闭合状态。各阶段完成后可以按启动开关进入工作状态。

4.9.2 先灭菌后检漏。

运行阶段	运行状态	结束条件
注水阶段	进去离子水阀 F1、真空阀 F5 常开	水位达到中水位
升温阶段	循环泵 CP、换向阀 F8、小进气阀 F3 常开，大进气阀 F2 受温度控制开启 [$T_1 \geq (T_s+2)$℃，F2 关，回差 0.5℃]	T_2 达到设定灭菌温度
灭菌阶段	循环泵 CP、换向阀 F8 常开，小进气阀 F3 受温度控制开启 [$T_2 \geq (T_s+2)$℃，F3 关，回差 0.5℃；$T_2 \leq T_s$，F3 开，回差 0.5℃]	灭菌时间，F_0 值到
排压阶段 1	进去离子水阀 F1、循环泵 CP、换向阀 F8 常开	T_h 达到 90℃

液体制剂技术

续表

运行阶段	运行状态	结束条件
排压阶段2	排离子水阀F4、循环泵CP常开	水位达到下水位
真空检漏阶段1	真空阀F5、真空泵VP常开	压力达到-0.008MPa
真空检漏阶段2	真空阀F5、真空泵VP、进水阀F6常开	水位达到上水位
真空检漏阶段3	真空阀F5、真空泵VP常开	设定检漏时间到(3分钟)
排色水阶段	进压缩空气阀F9受压力控制开启($p\geq80kPa$,F9关,回差5kPa),压力至0.08MPa,排色水阀F7开,循环泵CP开	水位达到下水位
一次清洗阶段	排备用水阀F11、进备用水阀F10、循环泵CP常开、进压缩空气阀F9受压力控制开启5kPa($p\leq5kPa$,F9开,回差5kPa)	一次清洗时间到
二次清洗阶段	进离子水阀F1、排离子水阀F4、循环泵CP常开、进压缩空气F9受压力控制开启($p\leq5kPa$,F9开,回差5kPa)	二次清洗时间到
排水阶段	压力控制开启($p\leq5kPa$,F9开,回差5kPa)	$p\geq0kPa$
结束阶段	排离子水阀F4常开	

4.9.3 程序说明。

4.9.3.1 T_h:T_1、T_2中最高温度点。

T_1:T_1、T_2最低温度点。

T_s:灭菌温度设定点。

p:内室压力。

4.9.3.2 在整个程序运行过程中,真空阀受压力控制($p\geq180kPa$,F5开,回差5kPa)。

附件3 安瓿水浴灭菌器清洁消毒规程

安瓿水浴灭菌器清洁消毒规程		登记号	页数
起草人及日期:		审核人及日期:	
批准人及日期:		生效日期:	
颁发部门:		收件部门:	
分发部门:			

1 **目的**:保持水浴灭菌器的洁净,防止交叉污染。
2 **范围**:适用于水针车间水浴灭菌岗位。
3 **职责**:水浴灭菌岗位操作人员对本规程的实施负责。
4 **程序**

4.1 关闭所有阀门。

4.2 每天清洗灭菌室及消毒车数次。

4.2.1 待灭菌室冷却到室温后将灭菌室内消毒车污物清理干净,如有破碎瓶子残片及其他物品也应及时清除,并用丝光毛巾擦净。

4.2.2 待灭菌室冷却到室温后,用丝光毛巾擦净灭菌内壁。

4.2.3 设备外壁及附属设备也须经常清洗擦拭,保持设备整洁。

模块六 灯检

一、职业岗位

灯检工。

二、工作目标

1. 能按"批生产指令"领取灭菌后的注射剂,做好灯检的其他准备工作。

2. 知道 GMP 对灯检过程的管理要点,知道灯检机的操作要点。

3. 按"批生产指令"执行灯检的标准操作规程,完成生产任务,生产过程中监控灯检的质量,并正确填写灯检原始记录。

4. 其他同项目一模块二。

三、准备工作

(一)职业形象

操作人员按"一般生产区生产人员进出标准程序"穿好工作服,进入灯检岗位,检查状态标识(见项目一模块一附件1)。

(二)职场环境

见项目一模块一。

(三)任务文件

1. 灯检岗位标准操作规程(见本模块附件1)

2. 灯检设备清洁消毒规程(见本模块附件2)

(四)生产用物料

对从灭菌岗位接收来的安瓿检查有无合格证,核对本次生产品种的品名、批号、规格、数量、质量无误后,进行下一步操作。

(五)场地、设备与用具等

见项目一模块一。

四、生产过程

执行"灯检岗位标准操作规程",完成灯检。

五、结束工作

执行"一般生产区容器具及工器具清洁规程"、"一般生产区厂房清洁规程"、"一般生产区周转车清洁规程"进行各项清洁。

六、可变范围

以伞棚式安瓿检查灯为例,背景为不反光黑色,在背景右侧1/3处和底部为不反光白色(供检查有色物质);无色溶液注射剂于光照度1000~2000lx下检视,其他设备可参照执行。

七、基础知识

澄明度检查,既可以保证病人用药安全,又可以发现生产中的问题,为改进生产环境和工艺提供依据。

八、法律法规

《药品生产质量管理规范》1998年版相关内容。

液体制剂技术

九、实训考核题

1. 试写出灯检的操作步骤。
2. 灯检操作的注意事项。

附件1　灯检岗位标准操作规程

灯检岗位标准操作规程		登记号	页数
起草人及日期：		审核人及日期：	
批准人及日期：		生效日期：	
颁发部门：		收件部门：	
分发部门：			

1　**目的**：规范灯检岗位操作，保证产品质量。
2　**范围**：适用于灯检岗位。
3　**职责**：操作人员对本规程的实施负责，QA人员负责监督检查。
4　**程序**

4.1　操作人员按"一般生产区生产人员进出标准程序"穿戴好工作服，进入灯检室。

4.2　检查上批清场是否完全。核对生产状态从中转间领取待检药品，由岗位负责人核对药品品名、批号、规格、灭菌锅次及数量并记录。

4.3　打开日光灯检查其是否正常，将灯检用工具放在灯检台指定位置。由岗位负责人发放每盘灯检记录。

4.4　将待验成品放在灯检台上，挑出空瓶、变色瓶、异形瓶、破瓶、焦头瓶放入不合格品盘中。

4.5　将成品盘斜放于灯检台右上手旁，然后用灯检夹子夹起，在日光灯下将药瓶轻微前后翻动，挑出有玻璃屑、下沉点、毛、内焦块、药液混浊等其他异物的瓶子，分类放入不合格品盘内，并详细填写每盘灯检记录。

4.6　由岗位负责人按锅次抽查澄明度，灯检后成品按灭菌锅次整齐放在包装室灯检合格品存放室。

4.7　工作结束后把每盘灯检记录交岗位负责人进行统一核算，把不合格品退出灯检室。

4.8　按"水针车间一般生产区的卫生清洁程序"清洁工作场所环境卫生，经检查合格，关掉电源后按"一般生产区生产人员进出标准程序"离开岗位。

4.9　灯检人员操作2小时后，休息1小时后方可再次进行灯检操作。

附件2　灯检设备清洁消毒规程

灯检设备清洁消毒规程		登记号	页数
起草人及日期：		审核人及日期：	
批准人及日期：		生效日期：	
颁发部门：		收件部门：	
分发部门：			

1　目的：保持灯检台清洁。
2　范围：适用于水针车间灯检岗位。
3　职责：操作人员负责执行，车间主任、质量员负责检查。
4　程序
　　4.1　清洁工具
　　丝光毛巾。
　　4.2　清洁剂
　　饮用水。
　　4.3　清洁方法
　　4.3.1　工作前，用丝光毛巾蘸饮用水将灯检台面、存放架、日光灯罩擦一遍，再用干毛巾擦一遍，日光灯用干的丝光毛巾擦一遍。
　　4.3.2　工作结束后将灯检台剩余物清理干净后按4.3.1再清洁一遍。

模块七　印字与包装

一、职业岗位

制剂包装工。

二、工作目标

1. 能按"批生产指令"领取灯检后的注射剂，做好印字与包装的其他准备工作。

2. 知道GMP对印字与包装过程的管理要点，知道印字与包装的操作要点。

3. 按"批生产指令"执行印字与包装的标准操作规程，完成生产任务，生产过程中监控印字与包装的质量，并正确填写印字与包装原始记录。

4. 其他同项目一模块二。

三、准备工作

（一）职业形象

操作人员按"一般生产区生产人员进出标准程序"穿好工作服，进入印字与包装岗位，检查状态标识（见项目一模块一附件1）。

（二）职场环境

参见项目一模块一。

（三）任务文件

1. 印字与包装岗位标准操作规程（见本模块附件1）

2. 印字泡罩包装机标准操作程序（见本模块附件2）

3. 印字泡罩包装机清洁消毒规程（见本模块附件3）

（四）生产用物料

检查从灯检岗位接收来的安瓿有无合格证，并核对本次生产品种的品名、批号、规格、数量、质量无误后，进行下一步操作。

（五）场地、设备与用具等

见项目一模块一。

四、生产过程

执行"印字与包装岗位标准操作规程"，执行"印字泡罩包装机标准操作程序"，完成生产。

五、结束工作

执行"一般生产区容器具及工器具清洁规程"，"一般生产区厂房清洁规程"，"一般生产区周转车清洁规程"进行各项清洁。

六、可变范围

以印字泡罩包装机设备为例，其他印字包装设备可参照执行。

七、基础知识

包装对保证注射剂在储存期的质量具有重要作用，应该认真做好。在包装前先要印字，印字的内容包括品名、规格、批号、厂名及批准文号。

八、法律法规

《药品生产质量管理规范》1998年版相关内容。

九、实训考核题

1. 试写出安瓿印字泡罩包装机主要部件名称并指出其位置（不少于5种）。
2. 如何进行合箱操作？

附件1　印字与包装岗位标准操作规程

印字与包装岗位标准操作规程		登记号		页数	
起草人及日期：			审核人及日期：		
批准人及日期：			生效日期：		
颁发部门：			收件部门：		
分发部门：					

1　**目的**：规范印字与包装岗位操作。
2　**范围**：适用于印字与包装岗位。
3　**职责**：操作人员对本规程的实施负责，车间主任、质量员负责检查。
4　**程序**
 4.1　印字
 4.1.1　包装岗位负责人据"批生产指令"领取包装材料。
 4.1.2　包装岗位负责人据车间包装印字通知单，通知印字人员。
 4.1.3　印字人员向包装岗位负责人领取包装材料，据通知单设置批号、有效期进行打印，领取时，认真核对品名、规格、数量及打印内容。

4.1.4 标签印字人员据"电脑印字标准操作程序"设置打印批号、有效期内容及打印位置，然后进行打印。

4.1.5 打印过程中，经常检查印字内容，印字位置。

打印结束，交给包装岗位负责人，认真核对品名、规格、数量、批号、有效期，与打印通知单应一致，并清点报废数量，认真填写记录。

4.2 包装

4.2.1 操作人员按"一般生产区生产人员进出标准程序"穿戴好工作衣，进入岗位。

4.2.2 操作人员检查设备、容器具，按"包装岗位设备、容器具清洁管理程序"清洁。

4.2.3 岗位负责人根据"批生产指令"领取待包品和包装材料，待包品核对品名、批号、规格、灭菌锅次，装箱亦按灭菌锅次分开，包装材料按"包装材料领用程序"领取，并按生产指令打批号及有效期。

4.2.4 岗位负责人发放规定数目药品、包装材料，并认真填写包装材料使用、发放记录，药品按灭菌锅次发放。

4.2.5 操作人员根据指令检查包装材料的品名、规格、数量应与指令相符，如有印字质量不合格、破损的要及时更换。

4.2.6 所有包装材料核对正确后开始正式包装。

4.2.7 操作人员按要求贴签，不得歪斜，贴好标签的半成品依次放入托盘，装入中盒并附说明书一张，检查无误后封口，将封口后的中盒按一致的方向装入外装箱。

4.2.8 装进外包箱后，经质量员检查合格，发给装箱合格证。交给打箱工封口打箱。

4.2.9 包装结束后，未包完的药品退回中转间，本批药品若有剩余应分开放置，待与下一批合箱（合箱仅限两批号），每个盒内仅限一个批次，并在装箱合格证上填写两批的批号、数量，外包装箱的批号处应标明两批的批号，并填写合箱记录。每批的零头交车间销毁处理，并记录。

4.2.10 工作结束，岗位负责人核对成品数量与包装数量的领用数和剩余数是否相符，并认真填写记录。

4.2.11 按"标示材料管理程序"处理剩余标示材料和废标示材料。

4.2.12 成品入待验库填写成品请验单，通知质量部取样，检验合格后，办理入库手续。

4.2.13 按"水针车间物料进出各生产区管理程序"将废弃物退出岗位。

4.2.14 按"包装岗位设备、容器具清洁管理程序"清洁设备、器具。

4.2.15 操作人员按"一般生产区生产人员进出标准程序"离开工作岗位。

附件2 印字泡罩包装机标准操作程序

印字泡罩包装机标准操作程序		登记号	页数
起草人及日期：		审核人及日期：	
批准人及日期：		生效日期：	
颁发部门：		收件部门：	
分发部门：			

1 目的：确保安瓿印字泡罩包装机的操作达到规范化、标准化，保证包装质量，延长机器的使用寿命。

2 范围：适用于安瓿印字泡罩包装机的操作。

3 职责：安瓿印字泡罩包装机的操作人员对本程序的实施负责，设备技术人员负责监督。

4 程序

4.1 准备工作

4.1.1 检查安瓿印字泡罩包装机清洁情况。

4.1.2 检查水、电、气的供应情况。

4.1.3 将玻璃油墨适量挤入盛装容器内，放入松节油调配适宜浓度。

4.1.4 准备盛装汽油的容器，并将小块脱脂棉浸泡于汽油中。

4.1.5 准备所需要的容器及工具。

4.2 操作过程

4.2.1 接通气泵拧开带锁开关，打开冷水阀、气控阀，成形加热板进气后自动打开。

4.2.2 将PVC硬片卷与透析纸卷分别安装于支承轴上，微调PVC卷筒和透析纸卷筒的轴向使其中心线与台面轨道中心线呈同一条直线，向左拨控制钮于"手动"挡，点动主电机"ON"键，使成形、热封下模板处于下止点。

4.2.3 挤出适宜长度的PVC硬片绕过导杆、穿过成形加热板、吹塑成形板、热封加热板、牵引压辊，送进冲裁机构的导向板内。

4.2.4 换字模。

4.2.4.1 旋下压痕盖板上的球形螺母将压痕盖板取下。

4.2.4.2 旋下模块固定螺钉，取下固定活字模块条。

4.2.4.3 将按产品要求排印好的活字（批号），安装在活字模块上，并按逆顺序安装于泡罩包装机上。

4.2.5 向右拨控制钮于"自动"挡，此时成形、热封、下加热处于预热阶段。

4.2.6 电压调整：顺时针旋转成形、热封、下加热的电压调节旋钮，将电压调至200V。

4.2.7 温控仪温度调整：将成形温度控制在120~170℃，将热封温度控制在130~160℃；下加热温度控制在110~125℃。温度上升至设定值后，在保证恒定温度前提下根据具体情况尽量调低电压在190V以下。

4.2.8 根据操作要求调节变频调速控制按钮，调节冲裁速度（一般为25~40次/分）。

4.2.9 待气压仪表显示达到0.4MPa时，按下主电机"ON"键，加热板自动放下，机器延时启动，观察PVC的运行情况及批号打印情况，必要时做适当调整。待成形良好、批号打印正确、清洗后按主电机"OFF"键停机。

4.2.10 将透析纸绕过导杆、穿过牵引压辊，送入热封加热板内按下主电机"ON"键，PVC与透析纸便热封在一起，然后再次按下"OFF"键停机。

4.2.11 调整进料轨道间隙调整螺钉的上下位置，使进瓶轨道间隙与安瓿的直径尺寸相符合（2mL约为12.5~13mm，1mL约为11.5~12mm）。

4.2.12 安装印字海绵，并通过调节托板来实现印轮与海绵之间的间隙调节（印2mL安瓿时，印轮与海绵的间隙约为8mm；印1mL安瓿时印轮与海绵的间隙约为7mm）。

4.2.13 印字机换字。

4.2.13.1 将印字模块核对无误后，安装于版子滚筒的垫板上，不得偏斜，并锁紧固定螺钉。

4.2.13.2 将排印好的铅字核对无误后，安装于铅字座内，活字应高度一致，不得歪斜，锁紧固定螺钉将铅字座安装于版子滚筒的凹槽内，不得偏斜，锁紧固定螺钉。

4.2.14 将油墨加在油墨滚上，取2~3个安瓿，放入进料轨道内，用手转动手轮试印，检查推送板推力是否适中、安瓿上的印字是否清晰、位置是否正确、落瓶是否整齐，否则应进行调整。

4.2.14.1 推送板推力调节：调整推板、螺钉的位置，使安瓿刚刚脱离推送板，即被印轮带入海绵上印字。

4.2.14.2 印字位置的调整：旋松滚筒螺钉，旋转版子滚筒以获得印字的最佳位置。

4.2.14.3 铅字位置的调整：调整滚筒凹槽内的铅字座调节螺钉，使铅字座升高或降低，以获得铅字的最佳位置。

4.2.14.4 印字模版位置的调整：调整版子调整螺钉，使垫板升高或降低，从而获得版子的最佳位置。

4.2.14.5 落瓶整齐的调整：调整挡瓶托架、挡瓶橡皮的位置和角度及挡瓶片的角度，使安瓿较为整齐地进入轨道槽内。

4.2.15 待全部调试完毕后，由操作人员将盘内待印安瓿整齐码放在进料斗内，按主电机"ON"键正式印字泡罩封袋。

4.2.16 印字过程中，随时将落入泡罩内的药品摆放整齐，并使印字面朝下放置。

4.2.17 随时检查印字过程中的印字质量，将印字不合格的剔出，擦拭后重新印字，将不合格的药品放入指定容器内，贴挂"不合格"标识，印字结束后计数销毁。

4.2.18 操作时随时检查泡罩的封装质量，将封装不合格的不良品剔出重新封装。

4.2.19 操作中随时清理废料斗内的废料并置于废料桶内。

4.2.20 将已泡罩包装成形的合格品码放整齐，以备下道工序操作使用。

4.2.21 操作结束后，按主电机"OFF"键停机，关闭带锁总开关。

4.2.22 关闭冷水阀、气控阀，并关闭气泵电源开关。

4.3 清洁

将印字模版、铅字从印字机版子滚筒上拆卸下来，按"印字泡罩包装机清洁消毒规程"对安瓿印字泡罩包装机进行清洁。

附件3 印字泡罩包装机清洁消毒规程

印字泡罩包装机清洁消毒规程		登记号	页数
起草人及日期：		审核人及日期：	
批准人及日期：		生效日期：	
颁发部门：		收件部门：	
分发部门：			

1 **目的**：确保安瓿印字泡罩包装机的正常运转，并保持设备处于洁净状态，延长机器的使用寿命。

2 **范围**：适用于安瓿印字泡罩包装机的清洁操作。

3 **职责**：安瓿印字泡罩包装机的操作人员对本规程的实施负责，设备技术人员负责监督。

4 **程序**

4.1 清洁频次

4.1.1 生产操作前、生产结束后各清洁1次。

4.1.2 更换品种、规格时应彻底清洁1次。

4.1.3 机器在生产过程中及时清除玻璃碎屑、药粉、油污等废物。

4.1.4 特殊情况随时清洁。

4.2　清洁工具

毛刷、清洁布、镊子、脱脂棉、水桶、钢丝刷或铜丝刷。

4.3　清洁剂

95%乙醇溶液、雕牌洗涤剂、汽油。

4.4　清洁方法

4.4.1　将使用后的废PVC卷筒及透明纸卷筒按安装程序的逆顺序取下,收集入废物储器内。

4.4.2　取下压痕盖板置于操作台上,旋下模块固定螺钉,取下活字用95%乙醇溶液擦拭干净后,放入储存盒内于指定柜内存放,并按拆卸逆顺序将压痕盖板安装于印字泡罩包装机上。

4.4.3　用软刷或热风将机器缝隙内的玻璃碎屑及药品粉末等清除干净。

4.4.4　用清洁布或毛刷去除机器各表面的玻璃碎屑及药品粉末。

4.4.5　用螺丝刀将铅字座、印字模版从版子滚筒上拆卸下来。

4.4.6　旋松铅字座上的铅字固定螺钉,将铅字拆卸下来。

4.4.7　用镊子夹取小块浸有汽油的脱脂棉,擦拭印字模版、铅字、铅字座、版子滚筒,并将擦拭干净的印字模版、铅字分别放入铅字盒内于指定地点存放,将铅字座冲洗安装于版子滚筒上。

4.4.8　用湿清洁布擦拭机器各表面。

4.4.9　视污染情况,每月1~2次用钢丝刷刷洗成形加热板的上、下加热板面。

4.4.10　特殊油污用清洁剂擦拭后,用湿清洁布擦拭去除清洁剂残留。

4.4.11　用干清洁布迅速擦干。

4.4.12　清洁完毕后填写设备清洁记录,并请QA人员检查清洁情况,确认合格后,签字并贴挂"已清洁"状态标识。

4.5　清洁效果评价

设备表面光洁、干净,无可见污物、油污污物。

4.6　清洁工具的清洁与存放

清洁工具按清洁工具清洁规程在清洁间内清洗,并在指定地点存放。

项目四 大容量注射剂

注射剂系指药物制成的供注入体内的灭菌溶液、乳状液、混悬液,以及供临用前配成溶液或混悬液的无菌粉末或浓溶液。

根据剂型特点,注射剂可分为大容量注射剂、小容量注射剂及粉针剂。

本项目主要介绍《中华人民共和国药典》2005年版(二部)收载的大容量注射剂的生产。大容量注射剂工艺流程见图4-1。

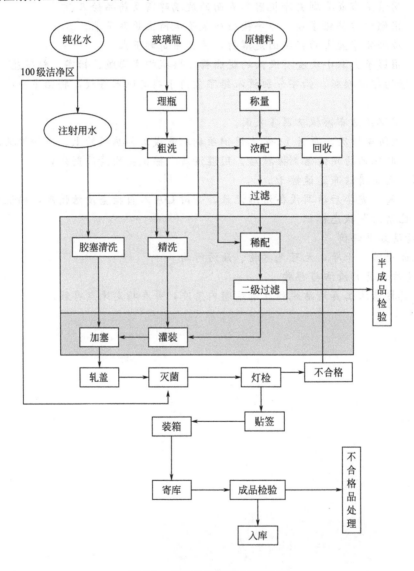

图4-1 大容量注射剂工艺流程

100000级洁净区;　　10000级洁净区;　　局部100级区

批生产指令						
编号：					指令号：	
产品名称		氯化钠注射液	产品规格	250mL：2.25g	产品批号	
计划产量 24000 瓶						
开始日期 　　年　　月　　日						
结束日期 　　年　　月　　日						
主配方		氯化钠 9g		加注射用水至 1000mL		
原辅料消耗定额	序号	原辅料名称	规格要求	理论量	备注	
	1	氯化钠	注射用	54kg		
	2	活性炭	注射用	3.2kg		
	3					
【工艺】称量→配液→过滤→半成品检查→灌装加塞→轧盖→灭菌→灯检→贴签包装→成品						
签发者：					日期：	

模块一　注射用水的制备

见项目一模块二。

模块二　理洗瓶

一、职业岗位

理洗瓶工。

二、工作目标

参见项目三模块二。

三、准备工作

（一）职业形象

1. 理瓶、外洗及粗洗操作人员按"一般生产区生产人员进出标准程序"（见项目一模块一附件1）进入一般生产操作区。

2. 精洗操作人员按"10000级洁净区生产人员进出标准程序"（见项目三模块三附件4）进入10000级生产操作区。

（二）职场环境

参见项目一模块一。

（三）任务文件

1. 输液洗瓶岗位标准操作规程（见本模块附件1）

2. 理瓶机标准操作规程（见本模块附件 2）

3. 外洗机标准操作规程（见本模块附件 3）

4. 超声波洗瓶机标准操作规程（见本模块附件 4）

5. 理瓶机清洁规程（见本模块附件 5）

6. 洗瓶机清洁规程（见本模块附件 6）

7. 物料进出洁净区清洁消毒规程（见项目三模块二附件 7）

（四）生产用物料

根据"批生产指令"领取所需量的原辅料，核对本次生产品种的品名、批号、规格、数量、质量无误后，通过传递窗进行下一步操作。

（五）场地、设备与用具等

参见项目一模块一。

四、生产过程

执行"输液洗瓶岗位标准操作规程"，"理瓶机标准操作规程"，"外洗机标准操作规程"，"超声波洗瓶机标准操作规程"，完成理洗瓶。

五、结束工作

执行相关清洁标准操作规程，完成生产设备、场地与用具的清洁。

六、可变范围

本模块以超声波洗瓶机为例，其他理洗瓶设备参照执行。

七、基础知识

大容量注射剂的容器有输液瓶、无毒软性聚氯乙烯塑料袋和聚丙烯塑料瓶。

1. 输液瓶 以硬质中性玻璃为材料，应无色透明，并具耐酸、耐碱、耐水和耐药液侵蚀的性能，经高压灭菌及长时间储藏不应产生脱片，运输过程不易破碎，外形应光滑均匀、端正、无条纹、无气泡、无毛口。

2. 橡胶塞 橡胶塞对大容量注射剂的澄明度影响很大，应具有较高的化学稳定性和较小的吸附性，富有弹性和柔曲性，表面光滑，不易老化，并能耐高温高压灭菌。大容量注射剂包装应使用新的橡胶塞，并经过处理后使用。

八、法律法规

"氯化钠注射液"见《中华人民共和国药典》2005 年版（二部）761 页。

《药品生产质量管理规范》1998 年版相关内容。

九、实训考核题

1. 试写出超声波洗瓶机主要部件名称并指出其位置（不少于 5 种）。

2. 试写出大容量注射剂生产的环境要求，包括洁净度级别、温度、相对湿度、压差等方面的要求。

3. 超声波槽水温、超声波强度、注射用水压力、流量、喷射管路压力应如何分别控制？

附件1 输液洗瓶岗位标准操作规程

输液洗瓶岗位标准操作规程		登记号		页数	
起草人及日期：		审核人及日期：			
批准人及日期：		生效日期：			
颁发部门：		收件部门：			
分发部门：					

1 目的：规范输液洗瓶的标准操作。
2 范围：输液洗瓶岗位。
3 职责：输液洗瓶岗位操作人员对规程的实施负责。
4 程序

4.1 准备工作

4.1.1 检查生产场地、设备是否清洁，复核前班清场清洁情况。

4.1.2 根据车间下发的生产指令，填写悬挂区域状态标识。

4.1.3 生产前检查电器线路是否良好，管线阀门水泵有无泄露现象。

4.1.4 检查各工艺用水阀门是否良好，检查超声波水池温度是否适当，若不符合要求，调整至合格。

4.1.5 启动洗瓶机、传送带、检查运行情况是否良好，符合要求后方可生产操作。

4.2 操作

4.2.1 将各工艺用水进水阀门打开至一定压力，将排水阀打开至最大。

4.2.2 启动洗瓶机电源开关。

4.2.2.1 将设备电源开关打开，电源指示灯亮，设备进入通电状态。

4.2.2.2 "工作/调整"开关打到"工作"位置，则按下列程序操作。

4.2.3 分别打开"粗洗""精洗""超声波"旋钮，使其开始工作。

4.2.3.1 按下"粗洗"按钮开关，粗洗指示灯亮，开始粗洗工作。

4.2.3.2 将"精洗"旋钮开关逆时针拧至"精洗"指示灯亮，开始精洗工作。

4.2.3.3 将超声波旋钮打开，超声波开始工作。

4.2.4 启动主机及传送带。

4.2.4.1 按"主机启动"按钮，洗瓶机、传送带开始工作。

4.2.4.2 5秒后，方可按下变频器开关，机器开始启动工作。

4.2.5 洗瓶过程中随时检查洗瓶质量，不合格时调整至合格。

4.2.5.1 当出现倒瓶或卡瓶时，指示灯亮，同时警铃响，该机将自动停止工作，故障排除后，按"再启动"按钮，机器便正常工作。

4.2.5.2 当机器出现异常情况时，按紧停开关，则设备停止工作，查明原因排除故障后，按下"再启动"开关，恢复工作。

4.2.5.3 关停洗瓶机、传送带，切断电源。

4.2.6 生产结束后，先按变频器"STOP"开关→按"主机停止"按钮→关闭超声波、精洗、粗洗开关→关闭电源开关。

4.2.7 关闭进水阀门，关闭排水阀门。

4.3 清场清洁

4.3.1 放净各工艺用水阀门内的水。

4.3.2 清除掉输送带与洗瓶机内的碎玻璃屑。

4.3.3 超声波洗瓶槽内的洗涤水排放干净,并用纯化水反复冲洗洗涤槽3次。

4.3.4 擦洗洗瓶机至洁净。

4.3.5 用苯扎溴铵消毒液擦拭洗瓶机消毒。

4.4 过滤器的清洁

过滤器拆卸后使用纯化水清洗滤芯,清洗后安装复位。

4.5 清场验收

清场后,由质量员进行清场验收并发放"清场合格证"。

4.6 注意事项

4.6.1 洗瓶机出现异常时,指示灯亮,同时警铃响,洗瓶机将自动停止工作,及时通知车间维修工进行处理,并填写在"输液洗瓶记录"中。

4.6.2 开机前务必将超声波发生器箱内的水放满(浮标落下)。生产结束后,将超声波机内输液瓶全部输出,然后放净箱内的饮用水,再关闭阀门。

附件2 理瓶机标准操作规程

理瓶机标准操作规程		登记号		页数	
起草人及日期:			审核人及日期:		
批准人及日期:			生效日期:		
颁发部门:			收件部门:		
分发部门:					

1 **目的**:规范理瓶机的标准操作。
2 **范围**:适用于理瓶机的操作。
3 **职责**:本岗位操作人员对规程的实施负责。
4 **程序**

4.1 准备

4.1.1 检查理瓶机清洁情况。

4.1.2 试开机,检查理瓶机运转是否正常,有无异常声响。

4.2 开机操作

4.2.1 将输液瓶去掉外包装,剔出不合格的,将合格的直立摆放在进瓶托架上。

4.2.2 启动电源开关,输液瓶通过旋转转盘,进入输送带,开始理瓶操作。输液瓶沿着输送带向前运行至超声波洗瓶机,进行洗瓶操作。

4.2.3 整机运行时,输液瓶要有连续性,防止发生倒瓶、卡瓶、碎瓶等现象,如有发生时,应停机排除故障后继续开机运行。

4.3 关机

理瓶结束,关闭电源开关,切断电源。

4.4 清洁

每班生产结束后,将设备清理干净。

附件3 外洗机标准操作规程

外洗机标准操作规程		登记号	页数
起草人及日期：	审核人及日期：		
批准人及日期：	生效日期：		
颁发部门：	收件部门：		
分发部门：			

1 **目的**：规范外洗机标准操作。
2 **范围**：适用于外洗机的操作。
3 **职责**：本岗位操作人员对本规程的实施负责。
4 **程序**
 4.1 检查生产场地、设备是否清洁。
 4.2 开机
 4.2.1 打开电源。
 4.2.2 拨动毛刷运转几周看有无阻卡现象，如有故障，排除后再试运转。
 4.2.3 开动机器进行空运转，看是否有异常噪声，15分钟后可正式运转。
 4.2.4 洗瓶操作：先打开喷水管，启动毛刷运转电机，再启动输瓶机，即可洗瓶（根据需要调节输瓶机的快慢）。
 4.3 停机
 先关闭输瓶机，再关闭毛刷运转电机，最后关闭喷水管。
 4.4 清洁
 每班结束后应将设备擦干净，以保持清洁卫生。

附件4 超声波洗瓶机标准操作规程

超声波洗瓶机标准操作规程		登记号	页数
起草人及日期：	审核人及日期：		
批准人及日期：	生效日期：		
颁发部门：	收件部门：		
分发部门：			

1 **目的**：规范超声波洗瓶的标准操作。
2 **范围**：适用于洗瓶岗位。
3 **职责**：本岗位操作人员对本规程的实施负责。
4 **程序**
 4.1 开机前的准备
 4.1.1 检查超声波洗瓶机的清洁情况。
 4.1.2 检查纯化水的供应情况。
 4.1.3 检查电源是否正常。
 4.2 开机操作
 4.2.1 打开纯化水阀门，启动纯化水泵，将清洗槽内注满纯化水。
 4.2.2 接通总电源。

4.2.3 开启超声波发生器。
4.2.4 开启输瓶轨道开关。
4.2.5 开启主变频调速器。
4.2.6 开启主机开关,调节主变频调速器,调节速度,开始洗瓶。
4.2.7 启动主机后,滚筒每转动一次就由发讯盘发出一次进瓶讯号,进瓶电机按设定的进瓶数开始计数进瓶,同时电磁阀开启,在第二滚筒处对玻瓶内冲纯化水,到达设定进瓶数后进瓶电机自动停止,同时关闭电磁阀,等待下一个进瓶讯号后进入下一个周期。
4.2.8 停机:洗瓶结束后,先关闭超声波发生器,再关闭主机、变频调速器开关,然后关闭输瓶机轨道开关,最后切断总电源。

附件 5 理瓶机清洁规程

理瓶机清洁规程		登记号		页数	
起草人及日期:		审核人及日期:			
批准人及日期:		生效日期:			
颁发部门:		收件部门:			
分发部门:					

1 **目的**:规范理瓶的标准操作。
2 **范围**:适用于理瓶机的清洁。
3 **职责**:本岗位操作人员对本规程的实施负责。
4 **程序**

　4.1 清洁方法
　　4.1.1 生产前:用清洁布擦拭清洁理瓶机进瓶托架、输送带。
　　4.1.2 生产结束:用湿清洁布擦拭清洁理瓶进瓶托架、进瓶斗、输送带,除去表面灰垢、污迹,污垢堆积处用毛刷、清洁剂刷洗除垢,用清洁布擦净。
　　4.1.3 每星期生产结束,用毛刷、洗涤剂刷洗理瓶机进瓶托架、进瓶口及外壁,除去表面污迹、污垢,用水冲洗,目测无清洁剂残留,用清洁布擦干。
　　4.1.4 填写设备清洁记录,经质量员检查清洁合格,并贴挂"已清洁、待用"状态标识卡。退出将室门关严,避免设备污染。

　4.2 清洁效果评价
　　目测理瓶机各表面、输送带、进瓶托架,无可见污迹。

　4.3 清洁工具存放与标识
　　清洁工具清洗后定址存放,每次清洗与消毒后,挂上状态标识。

附件 6 洗瓶机清洁规程

洗瓶机清洁规程		登记号		页数	
起草人及日期:		审核人及日期:			
批准人及日期:		生效日期:			
颁发部门:		收件部门:			
分发部门:					

液体制剂技术

1 目的：规范洗瓶机的标准操作。
2 范围：适用于洗瓶机的清洁。
3 职责：本岗位操作人员对本规程的实施负责。
4 程序

4.1 清洁方法

4.1.1 生产操作前：用长胶管接可见异物合格的去离子水，冲洗超声波洗瓶机水槽内表面、滚筒、加热器，由排水口排出残水；用清洁抹布擦拭瓶输送链及输送机构。

4.1.2 生产结束：关闭电源，排净水槽内水，用毛刷刷洗水槽内杂质，目测无可见异物；用水冲洗进瓶机构、洗瓶机构，冲掉表面灰迹，再冲洗一次水槽；进瓶机构、输送链条及设备表面用清洁布擦干。

4.1.3 每星期生产结束，用毛刷、清洁剂刷洗进瓶机构、输送链等各部件，除去表面污垢，用水冲净残留的清洁剂，用抹布擦拭设备表面。

4.1.4 填写"设备清洁记录"，经质量员检查清洁合格，挂上"已清洁"状态标识。

4.2 清洁工具定址存放。

4.3 清洁效果评价

目测设备各表面无可见污迹，光亮洁净。

模块三　配液

一、职业岗位

注射剂调剂工。

二、工作目标

1. 能按"批生产指令"领取原辅料，完成配液操作并做好配液的其他准备工作。

2. 知道GMP对配液过程的管理要点。

3. 按"批生产指令"执行配液的标准操作规程，完成生产任务，生产过程中监控配液的质量，并正确填写配液原始记录。

4. 其他同项目一模块二。

三、准备工作

（一）职业形象

1. 浓配操作人员按"100000级洁净区生产人员进出标准程序"（见项目三模块二附件1）进入生产操作区。

2. 稀配操作人员按"10000级洁净区生产人员进出标准程序"（见项目三模块三附件4）进入生产操作区。

（二）职场环境

见项目一模块一。

（三）任务文件

1. 大容量注射剂浓配岗位标准操作规程（见本模块附件1）

2. 大容量注射剂稀配岗位标准操作规程（见本模块附件2）
3. 大容量注射剂配液岗位清场清洁标准操作规程（见本模块附件3）

（四）生产用物料
见本项目模块二。

（五）场地、设备与用具等
见项目一模块一。

四、生产过程

执行"大容量注射剂浓配岗位标准操作规程"或"大容量注射剂稀配岗位标准操作规程"，完成生产。

五、结束工作

执行相关清洁标准操作规程，完成生产设备、场地、用具、容器清洁。

六、可变范围

本模块以0.9%氯化钠为例，其他大容量注射剂的配制参照相应的操作规程。

七、基础知识

大容量注射剂应选用优质高纯度的注射用规格的原料、辅料。大容量注射剂所用的溶剂必须是符合要求的新鲜注射用水。大容量注射剂的配制方法有浓配法和稀配法。

八、法律法规

《药品生产质量管理规范》1998年版相关内容。

九、实训考核题

1. 试写出配液罐主要部件名称并指出其位置（不少于5种）。
2. 药液进行中间体检查包括哪些？
3. 配制操作。

附件1 大容量注射剂浓配岗位标准操作规程

大容量注射剂浓配岗位标准操作规程		登记号	页数
起草人及日期：		审核人及日期：	
批准人及日期：		生效日期：	
颁发部门：		收件部门：	
分发部门：			

1 目的：规范浓配岗位标准操作。
2 范围：适用于浓配岗位。
3 职责：浓配岗位操作人员对本规程的实施负责。
4 程序

液体制剂技术

4.1 操作前的准备

4.1.1 检查操作间"清场合格证"是否在有效期内，操作间的温湿度、压差是否符合要求，浓配罐及物料输送管道系统"灭菌合格证"是否在有效期内。填写生产状态标识卡。

4.1.2 检查所备物料是否与批生产记录相符。

4.1.3 检查天平、电子秤水平位置，是否在校验周期内，合格后接通电源，校正电子天平、电子秤。

4.1.4 检查容器具是否处于清洁状态。

4.2 称量、复核

4.2.1 称量人员按浓配批记录要求仔细称取原辅料，称量后加盖密封。

4.2.2 复核人对上述过程进行独立复核和监督，确认称量准确无误后签名。

4.2.3 活性炭的称量应当在专用的称量间进行，称量前除检查场地、天平、容器具是否符合要求外，还应检查称量台上方的吸尘罩，确认局部吸尘排风系统处于工作状态，并且用于湿润活性炭的注射用水已经备好。

4.2.4 称量人员按处方称量活性炭，在称量间内湿润并加盖严密后方可转移到配制间。

4.2.5 液体原辅料使用量器在称量间量取到配制容器中备用。

4.3 清场

4.3.1 称量人将剩余原辅料密封，完整标识单件包装物（剩余数量、品名、规格、检验报告单号等），通过传递窗传至物料前缓冲间并通知领料员。

4.3.2 关闭电子天平及电子秤电源，整理现场，物品摆放整齐。

4.3.3 生产结束后清场。

4.3.4 质量员对清场进行验收并发放"清场合格证"。

4.4 浓配

4.4.1 浓配前的检查。

4.4.1.1 检查浓配罐及附属的仪表、阀门、管道是否处于良好，是否处于待用、清洁状态，物料配制与传送系统是否在灭菌有效期内。

4.4.1.2 操作间的温湿度、压差是否符合要求。

4.4.1.3 检查所备物料是否与使用的批生产操作记录相符，数量是否满足生产要求，是否有"检验合格证"。

4.4.1.4 检查蒸汽、循环冷却水、注射用水是否处于可供状态。

4.4.2 操作程序。

4.4.2.1 配制前检查与配制罐相连的各类阀门是否关闭。

4.4.2.2 按所领用的"称量浓配岗位批记录"的要求进行配制操作。

4.4.2.3 在向稀配岗位送料时，应告知本次的送料量。

4.4.2.4 每步操作过程应同步记录。

4.5 清场

4.5.1 接到灌装结束的通知后开始清场，清场应包含配制罐及与稀配罐相连的物料输送管道。

4.5.2 各品种的清场操作按各品种的要求执行。

4.5.3 将过滤器整体移至清洗间拆除滤芯，清洗干净。各部件待配制罐及管道清场完毕后装配并恢复与物料管道相连。

4.5.4 清场结束后，由质量员对清场进行验收并发放"清场合格证"。

附件2　大容量注射剂稀配岗位标准操作规程

大容量注射剂稀配岗位标准操作规程		登记号		页数	
起草人及日期：			审核人及日期：		
批准人及日期：			生效日期：		
颁发部门：			收件部门：		
分发部门：					

1 目的： 规范稀配岗位标准操作。
2 范围： 适用于稀配岗位操作。
3 职责： 稀配岗位操作人员对本规程的实施负责。
4 程序

4.1 稀配前的检查
4.1.1 检查稀配间及10000级洁净区的其他操作间"清场合格证"副本是否在有效期内，操作间的温湿度、压差是否符合要求，所采用的批记录表格与生产品种一致。

4.1.2 设备器具、计量器具、管道是否处于良好，处于待用、清洁状态，设备内部及物料管道是否在灭菌的有效期内。

4.1.3 进行过滤器完整性实验，确认过滤器完好。

4.2 配制过程
4.2.1 打开稀配罐进料阀接收浓配罐转移的药液。

4.2.2 确认浓配液转移完毕后，关闭稀配罐上的所有阀门，按产品工艺处方和操作要点，在稀配罐加入注射用水定容。

4.2.3 开启搅拌，在搅拌下循环一定时间，按规定数量放料，倒回到配制罐后循环搅拌规定时间，重复3次。对中间体请验。

4.2.4 待检验合格后灌装。

4.3 清场
4.3.1 灌装结束后开始清场，清场按规定执行。

4.3.2 将过滤器整体移至清洗间拆除滤芯，清洗干净。各部件清场完毕后在稀配间内装配并恢复与物料管道相连。

4.3.3 根据品种不同使用注射用水对配制罐进行清洗，重复清洗3次。

4.3.4 恢复安装已经清洗好的过滤器，进行过滤器完整性试验。

4.3.5 确认关闭罐底排污阀，用注射用水进行清洗，重复3次。冲洗完毕后，开启罐底部排污阀，排干系统的清洗水。

4.3.6 关闭所有阀门，由质量员对清场工作验收并发放"清场合格证"。

附件3　大容量注射剂配液岗位清场清洁标准操作规程

大容量注射剂配液岗位清场清洁标准操作规程		登记号		页数	
起草人及日期：			审核人及日期：		
批准人及日期：			生效日期：		
颁发部门：			收件部门：		
分发部门：					

 液体制剂技术

1 目的：规范配液岗位清场清洁标准操作。
2 范围：适用于配液岗位清场清洁。
3 职责：配液操作人员对本规程的实施负责。
4 程序

4.1 生产现场清场

4.1.1 所有原品种的原辅料清点数量后，退回仓库。

4.1.2 余药的处理：余药记录数量后做报废处理。

4.2 配药罐及管道清洁

4.2.1 关闭罐底排液阀，打开罐内喷淋管，连接注射用水。

4.2.2 开启喷淋水泵，喷淋罐内壁并搅拌，待罐内注射用水体积达规定数量时，开动输送泵，冲洗药液输送管道至冲洗水合格。

4.2.3 打开排液阀，排净罐内注射用水。关闭排液阀及各管道阀门，盖上罐盖。

4.2.4 用3%纯碱溶液擦洗罐外壁至洁净。

4.2.5 用注射用水冲洗至洁净。

4.2.6 用消毒液擦拭消毒。

4.3 过滤器的清洁

4.3.1 拆下过滤器内的滤芯，先用饮用水冲掉表面的活性炭，再放入75%的酒精中浸泡约30分钟后，用注射用水冲洗干净。

4.3.2 用注射用水冲洗过滤器外壳及盖至洁净。

4.4 容器具的处理

4.4.1 容器具用毛刷浸液体肥皂刷洗。

4.4.2 用注射用水冲洗洁净。

4.4.3 用消毒液擦拭消毒。

模块四 灌装加塞

一、职业岗位

输液剂灌封工。

二、工作目标

1. 能按"批生产指令"领取原辅料，完成灌装操作。

2. 熟悉GMP对灌装过程的管理要点，熟悉典型灌装机的操作要点。

3. 按"批生产指令"执行典型灌装机的标准操作规程，完成生产任务，生产过程中监控灌装的质量，并正确填写灌装原始记录。

4. 其他同项目一模块二。

三、准备工作

（一）职业形象

灌装操作人员按"10000级洁净区生产人员进出标准程序"（见项目三模块三附件4）进入10000级生产操作区。局部在100级层流下操作。

（二）职场环境

参见项目一模块一；10000 级洁净区，局部 100 级。

（三）任务文件

1. 胶塞清洗岗位标准操作规程（见本模块附件 1）

2. 大容量注射剂灌装加塞岗位标准操作规程（见本模块附件 2）

3. 大容量注射剂灌装机标准操作规程（见本模块附件 3）

4. 大容量注射剂灌装机清洁及日常保养规程（见本模块附件 4）

（四）生产用物料

对从配液岗位接收来的药液应检查有无合格证，并核对本次生产品种的品名、批号、规格、数量、质量无误后，进行下一步操作。

（五）场地、设备与用具等

同项目一模块一。

四、生产过程

执行"大容量注射剂灌装加塞岗位标准操作规程"，"大容量注射剂灌装机标准操作规程"，完成生产。

五、结束工作

执行相关清洁标准操作规程，完成生产设备、生产场地、用具、容器的清洁。

六、可变范围

以大容量注射剂灌装机灌装输液瓶为例，其他输液塑料袋的灌封设备参照执行。

七、基础知识

药液经过滤后，澄明度合格即可灌装，灌装需在 10000 级洁净区（局部 100 级）进行。大容量注射剂灌封的工序由灌注、盖橡胶塞和轧铝盖三部分组成。生产多采用自动灌封机灌封，集冲洗输液瓶、灌装、加塞、轧盖于一体。

八、法律法规

《药品生产质量管理规范》1998 年版相关内容。

九、实训考核题

1. 写出大容量注射剂灌装机主要部件名称并指出其位置（不少于 5 种）。

2. 如何调节灌装速度、装量阀？

附件 1 胶塞清洗岗位标准操作规程

胶塞清洗岗位标准操作规程		登记号		页数	
起草人及日期：		审核人及日期：			
批准人及日期：		生效日期：			
颁发部门：		收件部门：			
分发部门：					

液体制剂技术

1 目的：规范胶塞清洗岗位标准操作。
2 范围：适用于胶塞清洗岗位的操作。
3 职责：胶塞清洗岗位操作人员对本规程的实施负责。
4 程序

4.1 准备工作

4.1.1 检查胶塞清洗间及10000级洁净区的其他操作间"清场合格证"副本是否在有效期内，操作间的温湿度、压差是否符合要求。

4.1.2 检查注射用水是否有可见异物。

4.1.3 设备、器具、管道是否处于良好状态。

4.1.4 检查所备胶塞是否与使用的批生产操作记录相等，数量是否满足生产要求，是否有检验合格证。

4.1.5 根据车间下发的生产指令，填写悬挂区域状态标识。

4.2 胶塞的预处理

4.2.1 打开进水阀，向储罐内加入规定量饮用水。

4.2.2 量取规定量工业盐酸，缓缓加入储罐中，搅拌均匀（盐酸溶液浓度约1%）。胶塞放入储罐中，至能被溶液完全浸没。

4.2.3 打开进汽阀加热，至溶液沸腾后，煮沸至规定时间。打开排液阀，排去酸液。

4.2.4 向储罐内加入冲洗水，冲洗胶塞2~3遍，至冲洗水中性。

4.2.5 打开进水阀，向储罐内加纯化水至胶塞能被完全浸没。开进汽阀加热，至溶液沸腾后，煮沸至规定时间。

4.2.6 打开排液阀，排去废液。向储罐内加入冲洗水冲洗胶塞2~3遍，至冲洗水检查中性。

4.2.7 取出胶塞，装入洁净的不锈钢容器内。

4.3 胶塞的粗洗

4.3.1 将胶塞倒入胶塞处理器，打开纯化水阀门，通入纯化水至浸没胶塞，清洗胶塞至规定时间。

4.3.2 打开粗洗器底阀，排掉漂洗水。取出胶塞放入洁净不锈钢容器内。

4.4 胶塞的精洗

4.4.1 经传递窗将胶塞转入精洗室。

4.4.2 将胶塞倒入精洗器。开进水阀，向精洗器内注满新鲜的注射用水。

4.4.3 启动循环泵，水经过滤器到精洗器，漂洗至规定时间后，接取漂洗水样检查澄明度，应符合规定。

4.4.4 关掉输水泵电源，打开精洗器底阀，排去漂洗水。

4.4.5 取出胶塞放入洁净的不锈钢容器内备用。

4.5 清场清洁

4.5.1 用75%乙醇溶液擦拭精洗器消毒。

4.5.2 容器工具清洗消毒后定址存放。

4.6 记录

清场后填写生产记录，质量员进行清场验收并发放"清场合格证"。

附件 2　大容量注射剂灌装加塞岗位标准操作规程

大容量注射剂灌装加塞岗位标准操作规程		登记号		页数	
起草人及日期：		审核人及日期：			
批准人及日期：		生效日期：			
颁发部门：		收件部门：			
分发部门：					

1　**目的**：规范大容量注射剂灌装加塞的标准操作。
2　**范围**：适用于大容量注射剂的灌装加塞操作。
3　**职责**：大容量注射剂的灌装加塞岗位对本规程的实施负责。
4　**程序**

　4.1　准备工作

　　4.1.1　检查灌装间及10000级洁净区的操作间"清场合格证"副本是否在有效期内，操作间的温湿度、压差是否符合要求。

　　4.1.2　设备、器具、计量器具、管道是否处于良好、清洁待用状态，设备内部及物料管道是否在灭菌有效期内。

　　4.1.3　检查清洗合格胶塞的数量是否满足生产需求。精洗后的玻璃瓶是否符合要求，洗瓶、供瓶速度处于正常状态。

　　4.1.4　根据"批生产指令"，填写悬挂区域状态标识。

　4.2　灌装操作

　　4.2.1　启动灌装机，打开药液阀门，联合调节灌装机的灌装速度、装量阀开度，使单瓶装量在设定装量范围内。

　　4.2.2　操作应在100级层流罩内。

　　4.2.3　灌装操作中要随时观察装量的稳定性，并及时调整。常规每30分钟抽查一次装量。

　　4.2.4　装量偏低或偏高时，适量调节控制阀门，使装量符合要求。

　　4.2.5　灌装完毕，关闭灌装机、传送带。

　　4.2.6　已灌装到输液瓶内但不够装量的部分药液以及由于其他原因不能使用的瓶装药液，做报废处理。记录所报废余药的量。

　4.3　清场

　　4.3.1　灌装结束，将未使用的胶塞移入胶塞清洗间，用注射用水冲洗灌装机构。清洗操作台、容器具、传送带、墙壁、玻璃、地面。

　　4.3.2　清场完毕后，填写生产记录，请质量员进行清场验收并发放"清场合格证"。

附件 3　大容量注射剂灌装机标准操作规程

大容量注射剂灌装机标准操作规程		登记号		页数	
起草人及日期：		审核人及日期：			
批准人及日期：		生效日期：			
颁发部门：		收件部门：			
分发部门：					

液体制剂技术

1 **目的**：规范大容量注射剂灌装的标准操作。
2 **范围**：适用于大容量注射剂灌装。
3 **职责**：大容量注射剂灌装操作人员对本规程的实施负责。
4 **程序**

 4.1 开机前的准备

 4.1.1 检查设备电器线路、设备运转是否正常，清洁状态是否符合要求。

 4.1.2 检查料液情况是否正常，符合要求后方可进行生产操作。

 4.2 开机操作

 4.2.1 接通电源，启动主机，空运转15分钟，检查机器运转是否正常。

 4.2.2 启动输瓶机，利用空瓶试车，检查各拨轮及栏栅、绞龙、灌装定位装置的相对位置是否正确，并做相应地调整。

 4.2.3 打开料阀，调节灌装量，至装量达到工艺要求后开始生产。

 4.2.4 生产过程中如发生异常情况，应立即按下"紧急停车"按钮停止工作，同时关闭灌装阀门，排除故障后恢复工作。

 4.3 停机

 生产结束后，关闭灌装阀门，应先按下变频器"STOP"按钮，再按下"主机停止"按钮，再按下"输瓶停止"按钮，最后切断整机电源。

 4.4 清洁、清场

 按要求对设备进行清洁、清场。

附件4 大容量注射剂灌装机清洁及日常保养规程

大容量注射剂灌装机清洁及日常保养规程		登记号	页数
起草人及日期：		审核人及日期：	
批准人及日期：		生效日期：	
颁发部门：		收件部门：	
分发部门：			

1 **目的**：规范大容量注射剂灌装机清洁规程及日常保养。
2 **范围**：适用于大容量注射剂灌装机的清洁及日常保养。
3 **职责**：大容量注射剂灌装操作人员对本规程的实施负责。
4 **程序**

 4.1 清洁方法

 4.1.1 生产操作前清洁消毒。

 4.1.1.1 用消毒剂清洁消毒灌装机各表面、输送带、板框过滤器各表面。

 4.1.1.2 安装过滤器，安装分液装置及漏斗，分别打开过滤器阀门、药液管路阀门，用规定温度的注射用水冲洗3遍。

 4.1.2 生产结束清洁消毒。

 4.1.2.1 灌装结束，用规定温度的注射用水冲洗药液管路，用2%NaOH溶液消毒。

 4.1.2.2 拆卸分液装置及漏斗，冲洗干净，用pH试纸检测最终清洗液与注射用水一致。用清洁布、消毒剂消毒灌装外表面。

4.1.3 填写设备清洁记录，经质检员检查清洁合格，并贴挂"已清洁、待用"状态标识。

4.2 清洁效果评价

目测灌装机、输送带无可碎玻璃、污迹，多层板框过滤器外表面无可见污迹。

4.3 清洁工具清洗后定址存放。

4.4 日常保养

4.4.1 操作人员每班及时清除设备上或周围所有碎瓶及垃圾并擦洗设备表面，保证其清洁。

4.4.2 生产时不可随意改变变频器已设定参数，以免影响其工作性能，甚至造成损坏。

4.4.3 正常生产时，最好保持灌装速度恒定，以免造成操作困难。

4.4.4 维修工每周应将链轮、齿轮、凸轮表面涂润滑脂一次。

4.4.5 维修工每月应对传动轴承处加注润滑脂一次。

4.4.6 操作和开车前检查各部分是否正常，检查并调整拨轮、进瓶螺杆，使之使于正确位置。

模块五　轧盖

一、职业岗位

制剂包装工。

二、工作目标

1. 能按"批生产指令"领取原辅料，完成轧盖操作。

2. 知道 GMP 对轧盖过程的管理要点。

3. 按"批生产指令"执行轧盖的标准操作规程，完成生产任务，生产过程中监控轧盖的质量，并正确填写轧盖原始记录。

4. 其他同项目一模块二。

三、准备工作

（一）职业形象

大容量注射剂轧盖岗位操作人员按"一般生产区生产人员进出标准程序"（见项目一模块一附件1）进入一般生产操作区。

（二）职场环境

同项目一模块一。

（三）任务文件

1. 轧盖岗位标准操作规程（见本模块附件1）

2. 大容量注射剂轧盖机标准操作规程（见本模块附件2）

3. 大容量注射剂轧盖机清洁及维护保养规程（见本模块附件3）

（四）生产用物料

检查从配液岗位接收来的输液有无合格证，并核对本次生产品种的品名、批号、规格、数量、质量无误后，通过泵传送到高位罐进行下一步操作。

液体制剂技术

（五）场地、设备与用具等

同项目一模块一。

四、生产过程

执行"轧盖岗位标准操作规程"，"大容量注射剂轧盖机标准操作规程"，完成生产。

五、结束工作

按清洁标准操作规程，清洁轧盖机、生产场地、用具、容器。

六、可变范围

以大容量注射剂轧盖机为例，其他设备参照执行。

七、基础知识

参见本项目模块四。

八、法律法规

《药品生产质量管理规范》1998年版相关内容。

九、实训考核题

1. 试写出大容量注射剂轧盖机主要部件名称并指出其位置（不少于5种）。
2. 轧盖不严密的原因有哪些？如何解决？

附件1 轧盖岗位标准操作规程

轧盖岗位标准操作规程		登记号		页数	
起草人及日期：			审核人及日期：		
批准人及日期：			生效日期：		
颁发部门：			收件部门：		
分发部门：					

1 **目的**：规范轧盖岗位标准操作。
2 **范围**：适用于轧盖岗位的操作。
3 **职责**：轧盖岗位操作人员对本规程的实施负责。
4 **程序**

    4.1 准备工作

    4.1.1 检查轧盖间是否有"清场合格证"，批生产记录是否符合要求，铝盖数量是否满足本批生产要求，并应有"检验合格证"。

    4.1.2 填写生产状态标识卡。

    4.1.3 打开电源，开动机器是否处于良好运行中，检查轧刀是否固定良好。

    4.2 轧盖操作

    4.2.1 开启轧盖机，调节轧盖头的高度使其与所轧产品配合良好，试轧几瓶，检查每个轧头的所轧产品质量,如有偏差应继续调节,直到轧盖严密满足质量要求。

4.2.2 在轧盖过程中,应随时检查所轧产品的轧盖质量,对轧盖不严密且未损伤胶塞的产品应启盖后重轧,对于瓶身被轧坏或胶塞被轧破的产品应剔除放置在周转箱内。

4.2.3 及时清理台面及拨瓶盘上面的各种异物,保持台面干净,使机器有良好的运行条件。

4.2.4 把推车上的输液瓶送入灭菌间灭菌。

4.3 结束操作

4.3.1 关闭振荡器。

4.3.2 关闭轧盖机。

4.4 关闭传送带。

4.5 将剩余的铝盖定址保存。

4.6 清场、清洁

4.6.1 将岗位上空瓶、轧盖破损的产品清理出现场。

4.6.2 清除掉轧盖机及传送带上的碎玻璃屑。

4.6.3 擦拭轧盖机与传送带至洁净,并用消毒液进行消毒。

4.6.4 清洁工器具、门窗、地面等。

4.6.5 填写生产记录,请质量员进行清场验收并发放"清场合格证"。

附件 2 大容量注射剂轧盖机标准操作规程

大容量注射剂轧盖机标准操作规程		登记号	页数
起草人及日期:		审核人及日期:	
批准人及日期:		生效日期:	
颁发部门:		收件部门:	
分发部门:			

1 **目的:** 规范大容量注射剂轧盖机操作。

2 **范围:** 适用于大容量注射剂轧盖机的操作。

3 **职责:** 轧盖岗位操作人员对本规程的实施负责。

4 **程序**

4.1 开机前的准备

4.1.1 检查电源情况。

4.1.2 检查轧刀是否完好。

4.2 开机操作

4.2.1 先转动减速机皮带轮,待机器运转一周后查看各机构有无阻卡现象,如合格则可空车试车,否则须重新调整,直到合格为止。

4.2.2 空车试运转时,运转速度应从低速慢慢升高,空车运转一段时间后,如无异常则可负荷试车。

4.2.3 接通电源,按下电源组合开关,启动输瓶机。

4.2.4 启动主机,调节变频调速器,使机器的速度满足需要,开始生产。

4.2.5 轧刀位置不正时,应上下调节,使轧盖头距离铝盖顶端距离适当。

4.2.6 轧盖时，随时剔除轧盖不合格品重新轧盖。

4.2.7 停机：生产结束，按下变频调速器控制面板上的"停止"按钮，再关闭主机，然后关闭输瓶机，最后切断总电源。

4.2.8 清场清洁，填写生产记录。

附件3 大容量注射剂轧盖机清洁及维护保养规程

大容量注射剂轧盖机清洁及维护保养规程		登记号	页数
起草人及日期：		审核人及日期：	
批准人及日期：		生效日期：	
颁发部门：		收件部门：	
分发部门：			

1 **目的**：规范大容量注射剂轧盖机清洁及保养规程。
2 **范围**：适用于大容量注射剂轧盖机的清洁及保养。
3 **职责**：大容量注射剂轧盖机操作人员对本规程的实施负责。
4 **程序**

4.1 清洁方法

4.1.1 生产前：用清洁布清洁轧盖机各表面、输送带、轧刀。

4.1.2 生产结束：用清洁布清洁轧盖机各表面、输送带、轧刀，除去表面油垢、污迹，污垢堆积处用毛刷、清洁剂刷洗除垢，必要时用75%乙醇溶液消毒。

4.2 记录

填写设备清洁记录，经质检员检查清洁合格，悬挂"已清洁"状态标识。

4.3 清洁效果评价

目测轧盖机各表面，输送带无可见污迹。

4.4 维护保养

4.4.1 每班应清除设备上或周围所有碎瓶及垃圾，表面应擦洗干净。

4.4.2 开机前要在各传动齿轮间，滑移部件间加适量润滑油或润滑脂。

4.4.3 每月各传动轴承处加注润滑脂一次。

4.4.4 每班生产结束后必须把机器擦干净，保证外观清洁。

4.4.5 易损件磨损后应及时更换。

模块六 灭菌

一、职业岗位

制剂及医用制品灭菌工。

二、工作目标

1. 能按"批生产指令"领取原辅料，完成灭菌操作。
2. 知道GMP对灭菌过程的管理要点。

3. 按"批生产指令"执行灭菌的标准操作规程，完成生产任务，生产过程中监控灭菌的质量，并正确填写灭菌原始记录。

4. 其他同项目一模块二。

三、准备工作

（一）职业形象

操作人员按按"一般生产区生产人员标准程序"（见项目一模块一附件1）进入一般生产操作区。

（二）职场环境

见项目一模块一。

（三）任务文件

1. 灭菌岗位标准操作规程（见本模块附件1）

2. 大容量注射剂水浴灭菌柜标准操作规程（见本模块附件2）

3. 大容量注射剂水浴灭菌柜清洁及维护保养规程（见本模块附件3）

（四）生产用物料

按配液批号进行灭菌，同一批号需要多个灭菌柜次灭菌时，需编制亚批号。每批灭菌后应认真清除柜内遗留产品，防止混批或混药。

（五）场地、设备与用具等

参见项目一模块一。

四、生产过程

执行"灭菌岗位标准操作规程"、"大容量注射剂水浴灭菌柜标准操作规程"，完成生产。

五、结束工作

按相关清洁标准操作规程，完成生产设备、场地、用具、容器清洁。

六、可变范围

以大容量注射剂水浴灭菌柜为例，其他设备参照执行。

七、基础知识

大容量注射剂灌封后应及时灭菌，一般应在4小时内灭菌。灭菌时，采用热压灭菌法，115℃、68.7kPa（0.7kgf/cm^2）灭菌30分钟，也可根据成品容量确定灭菌条件。

八、法律法规

《药品生产质量管理规范》1998年版相关内容。

九、实训考核题

1. 试写出大容量注射剂水浴灭菌柜主要部件名称并指出其位置（不少于5种）。

2. 如何设置灭菌参数？灭菌结束开后门前必须确认符合什么条件？

3. 水浴灭菌柜的灭菌过程包括哪几步？

附件1　灭菌岗位标准操作规程

灭菌岗位标准操作规程		登记号	页数
起草人及日期：		审核人及日期：	
批准人及日期：		生效日期：	
颁发部门：		收件部门：	
分发部门：			

1. **目的**：规范灭菌岗位标准操作。
2. **范围**：适用于灭菌岗位的操作。
3. **职责**：灭菌岗位操作人员对本规程的实施负责。
4. **程序**

    4.1　准备工作

    4.1.1　检查灭菌间及其他操作间是否有"清场合格证"副本。

    4.1.2　检查设备、计量器具、管道是否处于良好、清洁待用状态。

    4.1.3　填写生产状态标识卡。

    4.1.4　检查蒸汽源压力、压缩空气、纯化水是否满足生产需要，批生产记录与生产产品是否相符。

    4.2　灭菌操作

    4.2.1　将轧盖后合格产品全部装入灭菌车，确认无误后将产品送入灭菌柜，开启压缩空气、灭菌柜电源，检查前封板与密封圈的接触有无损伤及污物，确认无障碍物后关闭灭菌柜门，检查门是否密封。

    4.2.2　开启蒸汽排污阀，排尽蒸汽管道中凝水，开启纯化水注水阀，设置灭菌参数（灭菌品名、批号、时间、F_0值、冷却温度等）。

    4.2.3　灭菌操作过程中随时监控灭菌柜运行情况，如有异常，随时处理。灭菌操作：关门→注水→升温→灭菌→冷却→结束。

    4.2.4　灭菌完毕，应及时将灭菌产品送入晾瓶理瓶间并打印灭菌报表。

    4.3　清场

    灭菌结束后应及时清场，请质量员进行清场验收并发放"清场合格证"。

附件2　大容量注射剂水浴灭菌柜标准操作规程

大容量注射剂水浴灭菌柜标准操作规程		登记号	页数
起草人及日期：		审核人及日期：	
批准人及日期：		生效日期：	
颁发部门：		收件部门：	
分发部门：			

1. **目的**：规范水浴灭菌柜标准操作。
2. **范围**：适用于水浴灭菌柜的操作。
3. **职责**：灭菌岗位操作人员对本规程的实施负责。

4 程序

4.1 准备工作

4.1.1 检查控制柜上开关、按钮是否处于正常状态。

4.1.2 检查控制面板上的开关是否处于正常状态。

4.1.3 根据"批生产指令",填写悬挂区域状态标识。

4.1.4 打开压缩空气阀、纯化水阀、冷却水阀、蒸汽阀,检查其压力是否符合要求。

4.2 灭菌操作程序

4.2.1 打开控制柜上的总电源开关。

4.2.2 打开控制柜上的计算机电源开关。

4.2.3 闭合计算机自带电源开关。

4.2.4 将灭菌药品推入灭菌柜中。

4.2.5 确认无任何障碍物后,按前端控制面板上的"关门"按钮,方可关门。

4.3 灭菌程序启动

4.3.1 打开微机,进入"主控窗口"菜单,单击"运行"菜单,进入"灭菌参数设置"界面,根据灭菌工艺要求输入生产品名、批号、灭菌温度、灭菌时间、F_0值、冷却温度、操作员号等参数。单击"进入"键,程序即进入"水浴灭菌器流程"界面。

4.3.2 "门关"信号由黑色变为绿色,"启动"由红色变为黑色时,单击"启动"键,程序即开始自动运行。

4.3.3 运行过程中,单击"趋势",进入"温度压力曲线趋势"界面,可观看各时刻温度、压力的曲线图;单击"报表",进入"灭菌报表"界面,可观看各时刻的温度、压力值及灭菌时间、温度、F_0值等数据。

4.3.4 灭菌程序结束后,"结束"信号由黑色变为绿色,单击"退出"键,退出控制程序。

4.3.5 开后门。在灭菌程序结束后,控制面板上的"结束"指示灯亮。开门前必须确认下列各项:

① 行程显示在"结束"行程;

② 内室压力显示在 0MPa。

按后端控制面板上的"开门"按钮,后门开启。将灭菌药品推出柜。

4.3.6 关后门。灭菌药品全部出柜后,按后端控制面板上的"关门"按钮,当完全关闭时,前后端控制面板上的后门指示灯亮。

4.3.7 开前门。前端控制面板上的后门指示灯亮,显示后门已完全关闭后,按前端控制面板上的"开门"按钮,前门开启,门控系统回到下批灭菌的准备阶段,等待下批灭菌药品入柜。

4.4 结束操作

4.4.1 关闭控制微机,关闭灭菌柜电源,灭菌柜控制箱电源。

4.4.2 关闭所有的阀门。

4.4.3 灭菌完毕及时清场,清洗灭菌室及消毒车。待灭菌室冷却到室温后,将灭菌室内消毒车污物清理干净。

4.4.4 内室清洗完毕后,将门关闭。

4.4.5 清洁完毕后填写设备清洁记录。

4.5 注意事项

4.5.1 意外停电时,操作人员应针对不同的情况做出准确判断,做到合理正确的处理。

4.5.2 在柜内无压力或低压的情况下短时间停电,来电后可继续运行程序。

4.5.3 灭菌室内的温度探头，用于测控瓶内温度。控头内控测元件为易碎件，使用时应避免碰撞。灭菌室外探头连线不得用力拉扯，并防止挤压碾伤。

4.5.4 每天排放压缩空气管路上的分水过滤器内存水。

4.5.5 经常注意观察换热器疏水阀工作情况。

4.5.6 清洗设备时不得将水溅到电器元件上，以防止短路。

附件3　大容量注射剂水浴灭菌柜清洁及维护保养规程

大容量注射剂水浴灭菌柜清洁及维护保养规程		登记号	页数
起草人及日期：		审核人及日期：	
批准人及日期：		生效日期：	
颁发部门：		收件部门：	
分发部门：			

1 目的： 规范大容量注射剂水浴灭菌柜清洁及维护保养。
2 范围： 适用于大容量注射剂水浴灭菌柜清洁及维护保养。
3 职责： 灭菌操作人员对本规程的实施负责。
4 程序

4.1 清洁方法

4.1.1 打开门对内壁进行清洁，清除箱内残留物；按从上至下、从里至外的原则，用丝光毛巾蘸纯化水擦拭挡板、导流板（孔）、灭菌车架。

4.1.2 清洁完毕后填写清洁记录并请质检员检查，确认清洁合格后，签字并贴挂"已清洁"状态标识。

4.2 清洁效果评价

机器表面光洁、干净、无可见油污、污物。

4.3 清洁工具清洗后定址存放。

4.4 注意事项

擦灭菌柜时必须关闭电源和进气阀、排气阀。

4.5 日常维护

4.5.1 清洗灭菌室及消毒车。

待灭菌室冷却到室温后，将灭菌室内、消毒车污物清理干净。

4.5.2 内室清洗。

4.5.2.1 每隔一月，将安全阀放汽手柄拉起反复排汽数次，防止长时间不用发生黏堵。

4.5.2.2 灭菌室内的温度探头，用于测控瓶内温度。探头内探测元件为易碎件，使用时应避免碰撞。灭菌室外探头连线不得用力拉扯。

4.5.2.3 每半月将灭菌室内顶部喷淋盘拆下，清洗盘内污垢后复装。

4.5.2.4 每月将灭菌室内底部的底隔板拆下，清洗水箱内污垢后复装。

4.5.2.5 定期检查压力表，定期校对温度传感器探头。

4.5.2.6 每天排放压缩空气管路上的分水过滤器内存水。

4.5.2.7 注意观察换热器疏水阀工作情况。

4.5.2.8 定期擦拭液位计的探针部分，清除表面的油污及黏合物，保证水位信息的准确。

4.5.2.9 清洗设备时不得将水溅到电器元件上，以防止短路。

4.5.2.10 每隔半年将管路系统上的蒸汽及水过滤器的过滤网拆下清洗一次。

4.5.3 管道泵的维护与保养。

4.5.3.1 泵在无水条件下工作时，易损坏机械密封件，泵不允许在此状态下工作。

4.5.3.2 若泵长期停用，应放尽泵内存水，以防止生锈锈死，并应在泵腔内注油。

4.5.4 密封门维护。

4.5.4.1 每周向前后门的滑动槽内涂凡士林。

4.5.4.2 每次关门前，检查密封门的下滑道有无异物，如有应及时清除。

4.5.4.3 驱动气缸是密封门的动力装置，在清洗维护设备时应注意保护，不得损伤气缸表面，不得有妨碍气缸行走的障碍物。

4.5.4.4 每天关门前将驱动气路中的水放空。

4.5.4.5 密封圈的表面应保持干净，不得有严重的机械损伤，每次开门时应检查密封圈是否有污物聚集，如有应清除干净。

4.5.4.6 当密封圈损坏或长期使用失效时，应更换密封圈。

模块七　灯检

一、职业岗位

灯检工。

二、工作目标

1. 能按"批生产指令"领取原辅料，完成灯检操作。

2. 知道 GMP 对灯检过程的管理要点。

3. 按生产指令执行灯检岗位的标准操作规程，完成生产任务，生产过程中监控灯检的质量，并正确填写灯检原始记录。

4. 其他同项目一模块二。

三、准备工作

（一）职业形象

操作人员按"一般生产区生产人员进出标准程序"（见项目一模块一附件1）进入灯检操作区。

（二）职场环境

同项目一模块一。

（三）任务文件

1. 灯检岗位标准操作规程（见本模块附件1）

2. 澄明度检测仪标准操作规程（见本模块附件2）

3. 澄明度检测仪清洁及维护保养规程（见本模块附件3）

（四）生产用物料

对从灭菌岗位接收来的灌装好的大容量注射液，检查有无合格证，并核对本次生产品种的品名、批号、规格、数量、质量无误后，进行下一步操作。

（五）场地、设备与用具等

参见项目一模块一。

四、生产过程

执行"灯检岗位标准操作规程"，"澄明度检测仪标准操作规程"，完成灯检。

五、结束工作

按相关清洁标准操作规程，清洁灯检设备、场地、用具、容器。

六、可变范围

以澄明度检测仪为例，其他设备参照执行。

七、基础知识

按《中华人民共和国药典》2005年版规定，大容量注射剂应进行澄明度检查、热原检查、无菌检查、含量测定、pH值测定及检漏等。检查方法应按《中华人民共和国药典》或有关规定执行。

成品应澄明，不得含有可见的异物、如白点、混浊、纤维、玻璃屑、色点及其他异物。澄明度检查时，发现有崩盖、歪盖、松盖、漏气的成品，及时剔除。

八、法律法规

《药品生产质量管理规范》1998年版相关内容。

九、实训考核题

1. 试写出澄明度检测仪主要部件名称并指出其位置（不少于5种）。
2. 灯检操作的注意事项，怎样维护澄明度检测仪？
3. 怎样计算收率？

附件1 灯检岗位标准操作规程

灯检岗位标准操作规程		登记号	页数
起草人及日期：		审核人及日期：	
批准人及日期：		生效日期：	
颁发部门：		收件部门：	
分发部门：			

1　目的：规范灯检岗位标准操作。
2　范围：适用于灯检岗位的操作。
3　职责：灯检岗位操作人员对本规程的实施负责。
4　程序
　　4.1　准备工作

4.1.1 检查灯检室是否有"清场合格证"副本。填写生产状态标识卡。

4.1.2 检查批生产记录与所生产品种是否相符,灯检用的盛装不"合格品"的红色周转箱及盛装"可回收品"的黄色周转箱、标记笔、灯检记录表。

4.1.3 检查所采用的灯检照度与所检查产品的工艺要求是否一致。

4.2 检查操作

4.2.1 启动传送带,将灭菌后冷至室温的药品传至本岗位。

4.2.2 灯检人员要在自己灯检的药品上画上各自的灯检标记。

4.2.3 先检查封口质量(包括未密封、胶塞缩边、隆起、铝盖爆歪等),用三指竖立逆时针转动瓶盖不应松动,垂直拎起时看装量足不足,注意瓶里挂水现象,捡出被润滑油污染的输液瓶。

4.2.4 将成品倒、顺、横三步旋转检视,注意白点、色点、玻屑、脱片、纤维、混浊等。

4.2.5 再检查漏气(倒转瓶口有较大气泡上升)、冷爆(特别是刻度附近和瓶底周围)及坏瓶(瓶身破裂,瓶身厚薄不匀、有疤、歪口、玻璃上气泡直径2mm超过2个或内壁有气泡者,均不合格)。

4.2.6 将不合格品分类放入周转箱并记录,标明品名、规格、批号,不得混药。

4.2.7 灯检人员负责把每批灯检合格的检品进行留样。

4.3 检查标准

4.3.1 每瓶目视时间要大于4秒。

4.3.2 检品无异物,无白块、玻屑、纤维、色点、混浊,或仅带有微量白点作合格论。每瓶检品中见到的5个或5个以下的白点时,作为"微量白点"。

4.4 澄明度检查的判断标准

4.4.1 车间质检员每批抽检,漏检率不超过3%。

4.4.2 QA人员随机抽检,漏检率不超过4%。

4.5 清场清洁

4.5.1 每批产品灯检结束后,应关闭灯检机电源,及时清场。

4.5.2 把原品种或批号的留样签交付标签管理员集中保管。

4.5.3 一切废品、留样及标识牌,全部清离现场。

4.5.4 清洁墙壁、顶棚、桌椅、门窗玻璃、地面。

4.5.5 清洁输瓶机、传送带、护栏、减速机、灯检架。

4.5.6 清洁工具清洁后定址存放。

4.5.7 清场清洁结束后,填写清场记录并请质量员进行清场验收,验收合格后发放"清场合格证"。

4.6 注意事项

4.6.1 产品灭菌后,应待冷却至(40℃以下)方可进行灯检。

4.6.2 操作人员在暗室内进行灯检时应集中注意力。

4.6.3 检查时不得用力摇晃敲打输液瓶。

4.6.4 工作人员在操作2小时后,应关闭室内的照明灯,闭目休息20分钟,以保持身体健康,恢复视力。

4.6.5 可回收品转移到可回收暂存间,发放状态标识卡,登记台账。废品撤出操作岗位,放置到废弃物暂存间,发放库卡。

4.6.6 物料平衡及收率计算:

灯检总数量=合格品数+可回收品数量+不合格品数量

液体制剂技术

收率＝合格品/灯检总数量×100％。

附件2　澄明度检测仪标准操作规程

澄明度检测仪标准操作规程		登记号	页数
起草人及日期：		审核人及日期：	
批准人及日期：		生效日期：	
颁发部门：		收件部门：	
分发部门：			

1　目的：规范澄明度检测仪的操作。
2　范围：适用于澄明度检测仪的操作。
3　职责：灯检操作人员对本规程的实施负责。
4　程序

 4.1　准备工作
 4.1.1　检查灯检仪是否具有"已清洁"标识。
 4.1.2　检查电源的供应是否正常。
 4.2　操作
 4.2.1　接通传送带控制电源和照明灯控制电源。
 4.2.2　打开传送带电源开关，调节速度调整旋钮于适宜刻度值。
 4.2.3　打开照明灯电源开关，根据需要调整照明亮度。
 4.2.4　操作人员落座于灯检仪前，灯检药品输送到操作人员面前。
 4.2.5　灯检时应手握瓶颈处取出以直、横、倒三步检查，遇到有块或带色异物的药品应在带有白纸板的一侧检查。
 4.3　操作结束
 4.3.1　关闭传送带电源，并将速度调整旋钮归零。
 4.3.2　关闭照明灯电源开关。

附件3　澄明度检测仪清洁及维护保养规程

澄明度检测仪清洁及维护保养规程		登记号	页数
起草人及日期：		审核人及日期：	
批准人及日期：		生效日期：	
颁发部门：		收件部门：	
分发部门：			

1　目的：规范澄明度检测仪清洁及维护保养。
2　范围：适用于澄明度检测仪的操作。
3　职责：灯检操作人员对本规程的实施负责。
4　程序

 4.1　清洁方法

项目四　大容量注射剂

4.1.1 切断电源。
4.1.2 用湿清洁布擦拭灯检机、输送轨道、减速机的表面。
4.1.3 用干清洁布擦拭控制器面板1遍。
4.1.4 清洁完毕填写设备清洁记录；质检员检查确认合格后，贴挂上"已清洁"标识。
4.2 清洁效果评价
检测表面整洁干净，无可见污物污染。
4.3 维护保养
4.3.1 该仪器不得置于潮湿、风吹日晒、雨淋之处。
4.3.2 使用仪器前，应先检查电源软线与插头。
4.3.3 清理灯箱内壁必须使用毛刷。

模块八 贴签包装

一、职业岗位

制剂包装工。

二、工作目标

1. 能按"批生产指令"领取原辅料，完成贴签包装操作。

2. 熟悉GMP对贴签包装过程的管理要点，熟悉贴标签机的操作要点。

3. 按"批生产指令"执行贴标签机的标准操作规程，完成生产任务，生产过程中监控贴签包装的质量，并正确填写贴签包装原始记录。

4. 其他同项目一模块二。

三、准备工作

（一）职业形象

大容量注射剂贴签包装岗位操作人员按"一般生产区生产人员进出标准程序"（见项目一模块一附件1）进入生产操作区。

（二）职场环境

参见项目一模块一。

（三）任务文件

1. 大容量注射剂包装岗位标准操作规程（见本模块附件1）
2. 转鼓贴签机标准操作规程（见本模块附件2）
3. 转鼓贴签机清洁及维护保养规程（见本模块附件3）

（四）生产用物料

检查从灯检岗位接收来的产品有无合格证，并核对本次生产品种的品名、批号、规格、数量、质量无误后，进行下一步操作。

（五）场地、设备与用具等

见项目一模块一。

四、生产过程

执行"大容量注射剂包装岗位标准操作规程";执行"转鼓贴签机标准操作规程",完成贴签包装。

五、结束工作

按清洁标准操作规程清洁贴签机、操作平台、打包机、传送带、柜橱、门窗、玻璃,及时填写清场记录。

六、可变范围

以转鼓贴签机为例,其他设备参照执行。

七、基础知识

大容量注射剂经检查合格后,及时贴上印有品名、规格、批号、生产单位的标签,装箱入库。

八、法律法规

《药品生产质量管理规范》1998年版相关内容。

九、实训考核题

1. 试写出大容量注射剂转鼓贴签机主要部件名称并指出其位置(不少于5种)。
2. 如何进行合箱操作?
3. 大容量注射剂包装检查的内容。

附件1 大容量注射剂包装岗位标准操作规程

大容量注射剂包装岗位标准操作规程		登记号	页数
起草人及日期:		审核人及日期:	
批准人及日期:		生效日期:	
颁发部门:		收件部门:	
分发部门:			

1   目的:规范大容量注射剂包装岗位标准操作。
2   范围:适用于大容量注射剂的包装操作。
3   职责:大容量注射剂包装操作人员对本规程的实施负责。
4   程序
    4.1 准备工作
    4.1.1 检查包装间是否有"清场合格证"副本,填写生产状态标识卡。
    4.1.2 检查设备是否处于良好、清洁待用状态。
    4.1.3 检查所备包装物料是否与使用的批生产操作记录相符。
    4.2 包装操作

4.2.1 折箱。
4.2.1.1 将包装箱按压痕折叠。
4.2.1.2 箱底平放一垫板，再放上"井"字格，整齐摆放好。
4.2.2 贴瓶签。
4.2.2.1 将瓶签放入标签盒中，胶水倒入浆缸，调整批号机到需打印的批号。
4.2.2.2 打开贴签机电源。启动传送带将药品排满传送带。
4.2.2.3 打开真空泵，缓慢打开变频调速器，使其开始自动吸签和贴签。
4.2.2.4 随时检查贴签质量，标签位置应适中，不得有斜签（±3mm）、折角、翘角、重签等。
4.2.4.5 随时抽查贴签质量，核对品名、规格、批号是否相符，批号不清晰的标签不得使用。
4.2.3 装箱、封箱。
4.2.3.1 将折好的包装放在平台上，放入合格证、说明书各1张。
4.2.3.2 从传送带上将贴好标签的输液瓶轻轻拿起慢慢装入，每箱装入规定瓶数。
4.2.3.3 检查所装数量准确后盖上垫板。
4.2.3.4 将包装箱放在封口机上，将上封口对严紧、平整，封上封口。
4.2.3.5 在包装箱贴签位置贴好箱签。
4.2.3.6 由专人负责转移至仓库待检。
4.2.4 检查。
4.2.4.1 包装过程中，QA人员按批号随机检查，每批抽查2~3箱。
4.2.4.2 检查内容：外包质量、贴签质量、合格证、说明书放入是否正确，内容是否全面清晰，内外批号、规格、品名、日期是否一致。
4.2.4.3 澄明度抽查：按澄明度检查方法抽查澄明度，要求总合格率不小于98%。
4.2.5 合箱。
4.2.5.1 包装完一个批号，剩余的零头清点好数量定址存放。下一批开始生产时首先进行合箱操作。
4.2.5.2 合箱操作要求包装箱内放入两个批号的合格证，包装箱外贴上两个批号的标签，并填写合箱记录。
4.3 结束操作
4.3.1 包装结束后，将用具、用品、工具等清洁后定址存放。
4.3.2 剩余并未经处理的标签、大箱及时退库。
4.3.3 将操作平台、打包机、贴签机、传送带、柜橱、门窗、玻璃等清理干净，转鼓、浆轮等刷净盖好。
4.3.4 填写生产记录，请质量员对清场工作验收。验收合格后发放"清场合格证"。

附件2 转鼓贴签机标准操作规程

转鼓贴签机标准操作规程		登记号		页数	
起草人及日期：		审核人及日期：			
批准人及日期：		生效日期：			
颁发部门：		收件部门：			
分发部门：					

1 目的：规范转鼓贴签机的操作。
2 范围：适用于转鼓贴签机的操作。
3 职责：贴签操作人员对本规程的实施负责。
4 程序

　　4.1　准备工作

　　4.1.1　检查设备运转是否正常，各功能部件位置是否正确、有无松动现象，是否具有"已清洁"状态标识。

　　4.1.2　向浆缸内添加胶水。

　　4.1.3　将排好批号、生产日期、有效期且印字核对无误后的标签装入标签盒内。

　　4.2　操作过程

　　4.2.1　打开电源开关，打开传输带。

　　4.2.2　把打印好的标签放入标签盒内，排放整齐，调整标签在盒内的松紧度，使之不发生撕签、掉签的情况。

　　4.2.3　打开真空泵，贴签机进入工作状态。

　　4.2.4　随时检查瓶体标签的位置，应贴正、不翘角、不漏贴，把白瓶捡出，重新贴标。

　　4.2.5　随时检查贴标质量。

　　4.2.6　先关闭真空泵，再关闭传送带，最后切断电源。

　　4.3　清场清洁

　　按要求对设备进行清洁、清场，浆轮、取签轮清洗干净。

附件3　转鼓贴签机清洁及维护保养规程

转鼓贴签机清洁及维护保养规程		登记号	页数
起草人及日期：		审核人及日期：	
批准人及日期：		生效日期：	
颁发部门：		收件部门：	
分发部门：			

1 目的：规范转鼓贴签机的操作。
2 范围：适用于转鼓贴签机的操作。
3 职责：贴签操作人员对本规程的实施负责。
4 程序

　　4.1　清洁

　　4.1.1　操作前擦净设备表面，保证其清洁。

　　4.1.2　结束后，清洗浆轮、取签轮，把皮带、脱标爪等擦洗干净。

　　4.2　维护保养

　　4.2.1　开机前要在各传动齿轮间，滑移部件间加适量润滑油或润滑脂。

　　4.2.2　蜗轮减速机内机油在前3个月内换一次，以后每半年换油一次。

　　4.2.3　真空泵每周检查油位一次，低于控制油位时要立即加油。

　　4.2.4　机器运转过程中，不允许将手和工具伸到工作部位。

　　4.2.5　易损件磨损后应及时更换。

项目五 滴眼剂

滴眼剂系指由药物与适宜辅料制成的无菌水性或油性澄明溶液、混悬液或乳状液,供滴入的眼用液体制剂,也可将药物以粉末、颗粒、块状或片状形式包装,另备溶剂,在临用前配成澄明溶液或混悬液。

本项目主要介绍《中华人民共和国药典》2005年版(二部)收载的滴眼剂。滴眼剂生产工艺流程及质量控制点(塑料瓶装)见图 5-1。

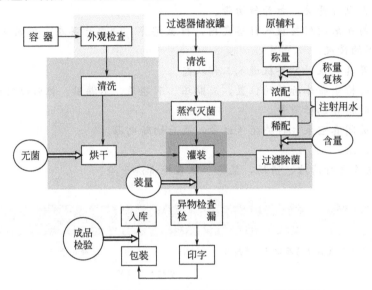

图 5-1 滴眼剂生产工艺流程及质量控制点(塑料瓶装)

温度 18~26℃;相对湿度 45%~65%

☐ 100000 级洁净区; ▨ 10000 级洁净区; ■ 100 级洁净区; ⟹ 质量控制点

批生产指令

指令号:	号		编号:
产品名称:氯霉素滴眼液	产品规格:8mL:20mg	产品批号:	

计划产量	
开始日期	年 月 日
结束日期	年 月 日

要求:
处方:氯霉素滴眼液
  氯霉素   2.5g
  硼酸   19g
  硼砂   0.38g
  硫柳汞   0.04g
  灭菌蒸馏水 加至 1000mL
工艺:称量→配液→过滤→中间体检查→灌装→检漏→灯检→贴签→包装→成品。
规格:8mL:20mg/支

签发者: 日期:

模块一　洗瓶

一、职业岗位

理洗瓶工。

二、工作目标

参见项目三模块二。

三、准备工作

(一) 职业形象

按"一般生产区生产人员进出标准程序"（见项目一模块一附件1）、"100000级洁净区生产人员进出标准程序"（见项目三模块二附件1）进入生产操作区。

(二) 职场环境

参见项目一模块一。

(三) 任务文件

1. 滴眼剂塑瓶洗瓶、烘瓶标准操作规程（见本模块附件1）
2. 隧道式灭菌干燥器标准操作程序（见本模块附件2）
3. 隧道式灭菌干燥器标准清洁消毒程序（见本模块附件3）
4. 滴眼剂洗瓶、烘瓶岗位清场标准操作规程（见本模块附件4）

(四) 生产用物料

根据生产指令领取所需量的原辅料，执行"物料进出洁净区标准操作程序"。对从仓库接收来的塑料瓶检查有无合格证，并核对本次生产品种的品名、批号、规格、数量、质量无误后，通过传递窗进行下一步操作。

(五) 场地、设备与用具等

参见项目一模块一。

四、生产过程

执行"滴眼剂塑瓶洗瓶、烘瓶标准操作规程"，"隧道式灭菌干燥器标准操作程序"，完成生产。

五、结束工作

执行"滴眼剂洗瓶、烘瓶岗位清场标准操作规程"，"隧道式灭菌干燥器标准清洁消毒程序"，填写"洗瓶、烘瓶岗位清场记录"。

六、可变范围

以回转式清洗机、隧道式灭菌干燥机为例，其他100级净化热风循环烘箱等设备参照执行。

七、基础知识

滴眼剂系指由药物与适宜辅料制成的无菌水性或油性澄明溶液、混悬液或乳状液，供滴入的眼用液体制剂,也可将药物以粉末、颗粒、块状或片状形式包装,另备溶剂,在临用前配成澄明溶液或混悬液。

八、法律法规

1. 《药品生产质量管理规范》1998 年版相关内容。
2. "氯霉素滴眼液"见《中华人民共和国药典》2005 版(二部)778 页。

九、实训考核题

1. 试写出回转式清洗机主要部件名称并指出其位置(不少于 5 种)。
2. 试写出滴眼剂生产的环境要求,包括洁净度级别、温度、相对湿度、压差等方面的要求。

附件 1 滴眼剂塑瓶洗瓶、烘瓶标准操作规程

滴眼剂塑瓶洗瓶、烘瓶标准操作规程		登记号	页数
起草人及日期:		审核人及日期:	
批准人及日期:		生效日期:	
颁发部门:		收件部门:	
分发部门:			

1 **目的**:规范滴眼剂洗瓶、烘瓶岗位人员操作,保证产品质量。
2 **范围**:本规程适用于滴眼剂洗瓶、烘瓶岗位的生产操作控制。
3 **职责**:操作人员严格按本操作规程进行操作。
4 **程序**

  4.1 生产前准备

    4.1.1 检查生产环境、设备、工具、容器应清洁。

    4.1.2 根据"批生产指令"悬挂生产状态标识,核对品名、规格、批号。

    4.1.3 将设备运行状态标识牌由"停机"更换为"运行"。

    4.1.4 接通水、气管道。

    4.1.5 从消毒盒中拿出蘸有消毒液的丝光毛巾对手部进行彻底消毒,自然晾干。

    4.1.6 按"批生产指令"从内包材库领取塑料瓶,核对名称、数量、规格、批号、产地,并在"包装材料领发记录"上签字。

  4.2 操作

    4.2.1 洗瓶。

    4.2.1.1 接通电源后,必须看清机器运转方向,不得有误。

    4.2.1.2 调节纯化水、注射用水压力、压缩空气压力达到工艺要求,空转 2 圈,查看各工位是否准确。

    4.2.1.3 将塑料瓶放入摆瓶盘内,再将整盘的塑料瓶整齐推入进料网带,排满后开启开关,开始清洗。

    4.2.1.4 瓶子进入回转洗瓶机构,通过针插工位时,针头插入瓶内腔进行"三水三气"(第一遍、第二遍用纯化水,第三遍用注射用水)冲洗和吹干,瓶子外壁由排管进行喷淋清洗,清洗后的瓶子通过出瓶回转轮送入出瓶轨道出瓶。

液体制剂技术

4.2.1.5 随时检查针头位置是否端正、无漏洗,发现异常及时查找原因。

4.2.1.6 清洗过的瓶子经传送带进入隧道式灭菌干燥机。

4.2.2 烘瓶。

4.2.2.1 打开电源。

4.2.2.2 触摸"手动"键,设定加热段工作温度,网带电机运行频率。

4.2.2.3 触摸"自动"键,系统进入自动工作状态。

4.2.2.4 待加热段温度达到设定值且平稳后送瓶烘干。

4.2.3 烘瓶结束,瓶子进入灌装机进瓶盘,准备灌装。

4.2.4 烘干后的瓶子内外壁应无油污、污点、纤维、色点等异物,不得有水滴或水雾,不得有破口等。

4.2.5 操作人员根据操作如实、认真地填写"洗瓶、烘瓶岗位操作记录"。

4.3 生产结束

4.3.1 洗瓶机关闭电源,停水、汽。

4.3.2 隧道式灭菌干燥机依次关闭开关、电门锁,切断总电源。

4.3.3 瓶子的外包装、损坏的瓶子清理到指定容器中,倒入专用容器内。

4.3.4 填写"洗瓶、烘瓶岗位清场记录"。

附件 2 隧道式灭菌干燥器标准操作程序

隧道式灭菌干燥器标准操作程序		登记号	页数
起草人及日期:		审核人及日期:	
批准人及日期:		生效日期:	
颁发部门:		收件部门:	
分发部门:			

1 目的:建立隧道式灭菌烘箱标准操作程序,保证设备安全正常运行。

2 范围:适用于滴眼剂灭菌烘箱岗位。

3 职责:操作人员对本程序的实施负责,QA人员负责监督检查。

4 程序

4.1 开车前的准备

4.1.1 检查隧道内灭菌干燥机两端升降门及出瓶口罩的下边,内平面是否处于离直立在网带上的瓶口15~20mm距离的位置。

4.1.2 前后升降门的调节,将手轮拉出并向左或右旋转,调整好距离后将手轮推入,即锁定在调整好的高度。

4.1.3 检查排风风门是否开启在合适的位置上,风门位置的调节可拉出排风风门锁定钮,将风门锁定在合适挡次上(一般初步工作时指针定在第4挡,根据生产情况进行调整,刻度板上"0"挡表示风门关闭,"9"挡为风门开足)。

4.2 运行

4.2.1 合上总电源开关,指示灯亮,电压表指示输入电压值,数显窗有数字显示,显示板上指示灯开始闪烁,电源接通。

4.2.2 设定隧道工作温度,取下数显调节仪透明罩,将拨动开关向右拨向"设定"位置，旋转温度按钮，将显示窗所显示的温度值调至设定的温度，完毕后将拨动开关拨至"测量"位置，盖上透明外罩。

4.2.3 按"自动电子记录仪标准操作程序"进行操作，做好温度记录准备。

4.2.4 将预热钥匙开关及检修开关向左转至工作位置，将联动放空开关向左转至联动位置，按下复零按钮，显示板上指示灯灭。

4.2.5 按下开机按钮，按钮上指示灯亮。

4.2.6 数秒钟后数显窗上已设定的频率数字开始闪烁。依此按下正转键，待数显窗的频率数重新跳至设定频率后，前后层流风机、热风机已启动完毕，显示板上绿色指示灯亮，随后排风机自动启动，若风机电机有故障，则红色指示灯亮。

4.2.7 按下电热开启按钮，指示灯亮，同时电流表显示电流值，显示板上指示灯亮，机内开始升温，全机启动完毕。

4.3 结束工作

4.3.1 当洗瓶机最后一排滴眼剂瓶送入进瓶斗后，即可将联动放空开关向右转至"放空"位置，指示灯亮，同时打开隔离门，用刮板将滴眼剂瓶缓缓推上输送网带，再在滴眼剂瓶后部紧靠滴眼剂瓶放上挡瓶块。

4.3.2 待挡瓶块走出隧道后，即可按下电热关闭按钮，指示灯灭。

4.3.3 按下关机按钮，此时风机继续运转，当隧道内温度降至100℃以下时会自动关机，红色指示灯灭。

4.3.4 将总电源开关向下拨至"分"位置，并将排风风门指针指向"0"挡锁定。

附件3　隧道式灭菌干燥器标准清洁消毒程序

隧道式灭菌干燥器标准清洁消毒程序	登记号	页数
起草人及日期：	审核人及日期：	
批准人及日期：	生效日期：	
颁发部门：	收件部门：	
分发部门：		

1 **目的**：保持隧道式灭菌干燥机的洁净，防止交叉污染。
2 **范围**：适用于隧道式灭菌干燥机的清洁。
3 **职责**：操作人员对本程序的实施负责，QA人员负责监督检查。
4 **程序**

4.1 清洁频次

4.1.1 生产前、生产结束后清洁一次。

4.1.2 每星期生产结束后消毒一次。

4.1.3 每月刷洗一次传送带。

4.1.4 特殊情况随时清洁、消毒。

4.2 清洁工具

毛刷、不脱落纤维的清洁布、橡胶手套、清洁盆、撮子。

4.3 清洁剂

雕牌洗涤剂。

4.4 消毒剂

5%甲酚皂溶液、0.2%苯扎溴铵溶液、75%乙醇溶液。

4.5 清洁方法

4.5.1 生产前用清洁布清洁网带、挡瓶片。

4.5.2 生产结束后清洁：取下底座上的门清除底座内的浮尘及杂物，并用水冲洗，注意不要把水溅到电机和电控箱上；设备表面用清洁布擦拭清除表面污渍。

4.5.3 每周生产结束清洁后，用消毒剂彻底消毒设备各表面。

4.5.4 填写设备清洁记录，经QA人员检查合格后，贴挂"已清洁"状态标识牌。

4.6 清洁效果评价

目测设备各表面光亮洁净，无可见污渍。

4.7 清洁工具清洗及存放

按清洁工具清洁规程，在清洁工具间清洗、存放。

附件4　滴眼剂洗瓶、烘瓶岗位清场标准操作规程

滴眼剂洗瓶、烘瓶岗位清场标准操作规程		登记号	页数
起草人及日期：		审核人及日期：	
批准人及日期：		生效日期：	
颁发部门：		收件部门：	
分发部门：			

1 **目的**：防止混批及交叉污染，减少人为事故差错。

2 **范围**：适用于滴眼剂洗瓶、烘瓶岗位更换批次、规格、品种前对生产现场的清理。

3 **职责**：洗瓶、烘瓶岗位严格执行该文件的操作规定。

4 **程序**

4.1 换批清场

4.1.1 批生产结束时，将剩余瓶子放到操作间指定位置，并标明品名、批号、数量，留待下批次生产时使用。

4.1.2 将瓶子的外包装、损坏的瓶子清理到指定容器中，倒入洁具室专用容器内。

4.1.3 清理洗瓶工作台、烘箱内、输送带、推车、地面，不得有上一批遗留物。

4.1.4 将所用工具清理至无附着物。

4.1.5 将容器运至清洁室备洗。

4.1.6 将地面用拖布清理干净。

4.1.7 更换生产状态标识牌及设备运行状态标识牌。

4.1.8 将本批次的岗位操作记录清理出生产现场。

4.1.9 岗位操作人员及时填写"洗瓶、烘瓶岗位清场记录"。班长检查确认无上一批遗留物后，在"洗瓶、烘瓶岗位清场记录"上签字，方可进行下一批次生产。

4.1.10 生产间断超过3日时，在生产前由质监员复查，并在"清场合格证"中填写检查时间、结论并签名，方可进行下一批次生产。

4.2 更换规格、品种清场

4.2.1 批生产结束时，将剩余瓶子交回内包材库。

4.2.2 同 4.1.2。

4.2.3 同 4.1.3。

4.2.4 将所用工具运至清洁室，先用饮用水冲洗，必要时用刷子刷洗至无可见物，再用纯化水冲洗 3 遍，并用丝光毛巾蘸消毒液擦拭一遍。

4.2.5 接上洗瓶机清洗管，打开有机玻璃罩，用纯化水对洗瓶部位进行冲洗，再将纯化水放尽。

4.2.6 设备和管道表面：将丝光毛巾用饮用水浸湿后拧干，擦拭各部位，清洗丝光毛巾继续擦拭，直至无可见物，必要时用 95% 的乙醇进行清洁。将丝光毛巾用纯化水浸湿后拧干，擦拭各部位 3 遍。用丝光毛巾蘸消毒液擦拭各部位一遍，自然晾干。

4.2.7 将容器运至清洁室备洗。

4.2.8 货车拉到清洁室用饮用水冲洗至无可见物，用丝光毛巾蘸消毒液擦拭。

4.2.9 将地漏清洁干净。

4.2.10 房间、送风口、回风口：墙壁、门、玻璃、灯具、顶棚、送风口和回风口，用浸湿饮用水的丝光毛巾或擦杆擦拭至无可见物；箱、柜、架内外表面用浸湿饮用水的丝光毛巾擦拭至无可见物；地面用拖布擦拭至无可见物。

4.2.11 更换生产状态标识牌及设备运行状态标识牌。

4.2.12 将本品种岗位操作记录清理出生产现场。

4.2.13 岗位操作人员及时填写"洗瓶、烘瓶岗位清场记录"，班长检查确认无上一批遗留物后，在"洗瓶、烘瓶岗位清场记录"上签字。清场记录附于本批岗位操作记录之后。

4.2.14 在下一规格、品种生产前由质监员进行复查，合格后在"清场合格证"上签字，发放至岗位操作人员，附于下一规格、品种岗位操作记录之前。无"清场合格证"不得进行下一规格、品种的生产。

4.2.15 复查不合格，要重新清场直至复查合格。

模块二　配液与过滤

一、职业岗位

注射剂调剂工。

二、工作目标

1. 能按"批生产指令"领取原辅料，完成配液操作并做好配液的其他准备工作。

2. 知道 GMP 对配液过程的管理要点。

3. 按"批生产指令"执行配液的标准操作规程，完成生产任务，生产过程中监控配液的质量，并正确填写配液原始记录。

4. 其他同项目一模块二。

三、准备工作

（一）职业形象

1. 浓配操作人员按"100000 级洁净区生产人员进出标准程序"（见项目三模块二附件 1）进入生产操作区。

液体制剂技术

2. 稀配操作人员按"10000级洁净区生产人员进出标准程序"（参见项目三模块三附件4）进入生产操作区。

（二）职场环境

参见项目一模块一。

（三）任务文件

1. 滴眼剂配药岗位标准操作规程（见本模块附件1）
2. 滴眼剂配药岗位清场标准操作规程（见本模块附件2）

（四）生产用物料

见本项目模块一。

（五）场地、设备与用具等

见本项目一模块一。

四、生产过程

执行"滴眼剂配药岗位标准操作规程"，完成配液。

五、结束工作

执行"滴眼剂配药岗位清场标准操作规程"，完成清场。

六、可变范围

以加层配料罐、微孔滤膜筒式过滤器为例，其他砂滤棒、板框式压滤器等设备参照执行。

七、基础知识

滴眼剂中可加入调节渗透压、pH值、黏度以及增加药物溶解度和制剂稳定性的辅料，并可加适宜浓度的抑菌剂和抗氧剂。所用辅料不应降低药效或产生局部刺激。除另有规定外，滴眼剂应与泪液等渗，并应进行渗透压浓度测定。

八、法律法规

《药品生产质量管理规范》1998年版相关内容。

九、实训考核题

1. 试写出配液罐主要部件名称并指出其位置（不少于5种）。
2. 如何拆洗过滤器的滤芯？
3. 配制操作。

附件1 滴眼剂配药岗位标准操作规程

滴眼剂配药岗位标准操作规程		登记号	页数
起草人及日期：		审核人及日期：	
批准人及日期：		生效日期：	
颁发部门：		收件部门：	
分发部门：			

1　**目的**：规范滴眼剂配药岗位人员操作，保证产品质量。
2　**范围**：适用于滴眼剂配药岗位的生产操作控制。
3　**职责**：操作人员严格按本操作规程进行操作。
4　**程序**

  4.1　生产前检查与准备

    4.1.1　检查生产环境、设备、容器及工具是否清洁。

    4.1.2　根据"批生产指令"悬挂生产状态标识，核对品名、规格、批号。

    4.1.3　从消毒盒中拿出蘸有消毒液的丝光毛巾对手部进行彻底消毒，自然晾干。

    4.1.4　从中转库领取已称量好的原辅料，核对工艺指令，核对品名、代号、数量及岗位操作记录、半成品交接单齐全无误后运至配药间定址存放，查看工艺指令。

  4.2　操作

    4.2.1　向配药罐中加入适量注射用水，按工艺要求加入原辅料，开启搅拌，搅拌约20分钟，在放液阀取样观察。

    4.2.2　投料时必须双人复核。

    4.2.3　继续加入注射用水至全量，通冷却水降温。

    4.2.4　每一步溶解后，从放液阀处取少量药液至洁净容器中，目检无可见不溶物，方可进行下一步操作；否则将药液倒入配药罐中，直至完全溶解。

    4.2.5　填写"半成品请验单"，请化验员检验该品种的检测项，待化验员取样检验合格后准备灌装，并将"半成品检验报告单"复写件附于"滴眼剂配药岗位操作记录"上。

    4.2.6　打开放液阀，将药液经药液泵并经过 $0.22\mu m$ 的微孔滤膜，打入滴眼剂储液桶中，备用。

    4.2.7　从配药、过滤到灌封完毕必须在一定时间内完成。

    4.2.8　操作人员根据操作如实、认真地填写"滴眼剂配药岗位操作记录"。

  4.3　生产结束

  将配药工具、容器等冲洗干净。填写"滴眼剂配药岗位清场记录"。

附件2　滴眼剂配药岗位清场标准操作规程

滴眼剂配药岗位清场标准操作规程		登记号	页数
起草人及日期：		审核人及日期：	
批准人及日期：		生效日期：	
颁发部门：		收件部门：	
分发部门：			

1　**目的**：防止混批、混药及交叉污染，减少人为事故差错。
2　**范围**：适用于滴眼剂配药岗位更换批次、规格、品种前对生产现场的清理。
3　**职责**：配药岗位严格执行该文件的操作规定。
4　**程序**

  4.1　换批清场

    4.1.1　对配药罐、管道泵、输送管道、微孔滤膜进行清洁；液位计卸下用纯化水冲洗两次，再用注射用水冲洗一次。

4.1.2　将所用工具清理至无附着物。

4.1.3　将容器运至清洁室备洗。

4.1.4　将地面用拖布清理干净。

4.1.5　更换生产状态标识牌及设备运行状态标识牌。

4.1.6　将本批次的岗位操作记录清理出生产现场。

4.1.7　岗位操作人员及时填写"滴眼剂配药岗位清场记录"。班长检查确认无上一批遗留物后，在"滴眼剂配药岗位清场记录"上签字，方可进行下一批次生产。

4.1.8　生产间断超过3日时，在生产前由质监员复查，并在"清场合格证"中填写检查时间、结论并签名，方可进行下一批次生产。

4.2　更换规格、品种清场

4.2.1　同4.1.1。

4.2.2　将所用工具运至清洁室，先用饮用水冲洗，必要时用刷子刷洗至无可见物，再用纯化水冲洗3遍，并用丝光毛巾蘸消毒液擦拭一遍。

4.2.3　设备及管道表面：将丝光毛巾用饮用水浸湿后拧干，擦拭各部位，清洗丝光毛巾继续擦拭，直至无可见物。将丝光毛巾用纯化水浸湿后拧干，擦拭各部位3遍。用丝光毛巾蘸消毒液擦拭各部位一遍，自然晾干。

4.2.4　将容器运至清洁室备洗。

4.2.5　将地漏清洁干净。

4.2.6　房间、送风口、回风口、排风口：墙壁、门、玻璃、灯具、顶棚、送风口、回风口和排风口，用浸湿饮用水的丝光毛巾或擦杆擦拭至无可见物；箱、柜、架内外表面用浸湿饮用水的丝光毛巾擦拭至无可见物；地面用拖布擦拭至无可见物。

4.2.7　更换生产状态标识牌及设备运行状态标识牌。

4.2.8　将本品种岗位操作记录清理出生产现场。

4.2.9　岗位操作人员及时填写"滴眼剂配药岗位清场记录"，工段长检查确认无上一批遗留物后，在"滴眼剂配药岗位清场记录"上签字。清场记录附于本批岗位操作记录之后。

4.2.10　在下一规格、品种生产前由质监员进行复查，合格后在"清场合格证"上签字，发放至岗位操作人员，附于下一规格、品种岗位操作记录之前。无"清场合格证"不得进行下一规格、品种的生产。

4.2.11　复查不合格，要重新清场直至复查合格。

模块三　灌封

一、职业岗位

灌封工。

二、工作目标

1. 能按"批生产指令"领取洗烘后滴眼剂瓶，做好灌封的其他准备工作。

2. 知道GMP对灌封过程的管理要点，知道典型灌装旋盖机的操作要点。

3. 按生产指令执行典型灌装旋盖机的标准操作规程，完成生产任务，生产过程中监控典型灌装旋盖的质量，并正确填写理灌装旋盖原始记录。

4. 其他同项目三模块二。

三、准备工作

（一）职业形象
灌封操作人员按"10000 级洁净区生产人员进出标准程序"（参见项目三模块三附件 4）进入 10000 级生产操作区。局部在 100 级层流下操作。

（二）职场环境
见项目一模块一。

（三）任务文件
1. 滴眼剂灌封岗位标准操作规程（见本模块附件 1）
2. 滴眼剂灌封岗位清场标准操作规程（见本模块附件 2）
3. 滴眼剂自动灌装生产线生产操作与维护规程（见本模块附件 3）

（四）生产用物料
对从配液岗位接收来的药液应检查有无合格证，并核对本次生产品种的品名、批号、规格、数量、质量无误后，进行下一步操作。

（五）场地、设备与用具等
参见项目一模块一。

四、生产过程
执行"滴眼剂灌封岗位标准操作规程"、"滴眼剂自动灌装生产线生产操作与维护规程"，完成生产。

五、结束工作
按"滴眼剂灌封岗位清场标准操作规程"完成生产设备、场地、用具、容器清洁。

六、可变范围
以 DSG2-80 滴眼剂灌装旋盖机为例，其他设备参照执行。

七、基础知识
滴眼剂的生产工艺如下。
① 药物性质稳定者

原辅料→配液→滤液（灭菌） ⎫
洗瓶（塞）→灭菌 ⎬ 无菌操作分装→质量检查→印字包装

② 主药不耐热的品种，全部无菌操作法制备。
③ 对用于眼部手术或眼外伤的制剂，必须制成单剂量包装制剂。按注射剂生产工艺进行，保证完全无菌。洗眼液用输液瓶包装，按输液生产工艺处理。

八、法律法规
《药品生产质量管理规范》1998 年版相关内容。

九、实训考核题
1. 试写出滴眼剂灌装旋盖机主要部件名称并指出其位置（不少于 5 种）。

液体制剂技术

2. 正常运转滴眼剂灌装旋盖机。
3. 如何调节灌装速度？

附件1 滴眼剂灌封岗位标准操作规程

滴眼剂灌封岗位标准操作规程		登记号	页数
起草人及日期：		审核人及日期：	
批准人及日期：		生效日期：	
颁发部门：		收件部门：	
分发部门：			

1 **目的**：规范滴眼剂灌封岗位人员操作，保证产品质量。
2 **范围**：适用于滴眼剂灌封岗位的生产操作控制。
3 **职责**：操作人员严格按本操作规程进行操作。
4 **程序**

  4.1 生产前准备

  4.1.1 检查生产环境、设备、工具、容器应清洁。

  4.1.2 根据"批生产指令"悬挂生产状态标识，核对品名、规格、批号。

  4.1.3 将设备运行状态标识牌由"停机"更换为"运行"。

  4.1.4 从消毒盒中拿出蘸有消毒液的丝光毛巾对手部进行彻底消毒，自然晾干。

  4.1.5 检查设备各阀门及开关应处于关闭状态。

  4.1.6 正确润滑灌装机各传动部位，并根据本批滴眼剂装量查看机位高度是否合适。

  4.1.7 接到配药岗位操作人员通知后，核对工艺指令、半成品品名、批号、数量及岗位操作记录、半成品检验报告单齐全无误。

  4.1.8 灌封岗位操作人员核对洗、烘后塑料瓶规格，核对内塞及外盖无误后，查看工艺指令，准备灌封。

  4.1.9 准备好洁净、干燥的量筒。

  4.2 操作

  4.2.1 开机前，检查各部件是否紧固，用手轮按逆时针方向转动，观察各工位传动是否灵活，有无阻滞现象，动作是否协调，若有偏移、错位现象应及时调整。

  4.2.2 灌装前由质监员检查经过 $0.22\mu m$ 微孔滤膜过滤的药液澄明度，合格后方可灌装。

  4.2.3 将药液管路与相应的储液桶相连，将内塞和外盖放入振荡器内。洁净瓶子由传送带送入。

  4.2.4 蠕动泵内装好经清洗消毒的泵管，装好灌液针头，准备灌装。

  4.2.5 将手轮顺时针拔出，接通电源，先点动看运转方向是否正确，开空车看各工位是否准确，动作是否协调，然后试空瓶是否有通不过和轧损瓶现象，发现时调整间隙。

  4.2.6 按所需灌装药液的标示量设定频率、步数、回转步数。

  4.2.7 开启理塞及理盖振荡器，调整好理塞及理盖的速度，使内塞及外盖充满在轨道内。

  4.2.8 进瓶，点动蠕动泵使药液充满蠕动泵管。开启进瓶盘，按"自动状态"进入自动工作状态。

  4.2.9 随时注意振荡器中内塞、外盖的量，并使之充满轨道。

4.2.10 操作过程中每15分钟抽测一次装量,每小时抽测一次澄明度,以保证半成品质量。

4.2.11 操作人员根据操作如实、认真地填写"滴眼剂灌封岗位操作记录"。

4.3 生产结束

4.3.1 及时将蠕动泵管、灌液针头卸下。

4.3.2 将灌封好的半成品放入洁净接瓶盘中,打开检漏器的进料门,将半成品放入,关好进料门。

4.3.3 填写"滴眼剂灌封岗位清场记录"。

附件2 滴眼剂灌封岗位清场标准操作规程

滴眼剂灌封岗位清场标准操作规程		登记号		页数	
起草人及日期:		审核人及日期:			
批准人及日期:		生效日期:			
颁发部门:		收件部门:			
分发部门:					

1 目的: 防止混批、混药及交叉污染,减少人为事故差错。

2 范围: 适用于滴眼剂灌封岗位更换批次、规格、品种前对生产现场的清理。

3 职责: 滴眼剂工段灌封岗位严格按文件中规定进行操作。

4 程序

4.1 换批清场

4.1.1 批生产结束时,将剩余的瓶子、瓶盖、内塞交回内包材库。

4.1.2 将损坏的瓶子、瓶盖、内塞清理到指定容器内,倒入专用容器。

4.1.3 将所用工具清理至无附着物。

4.1.4 将容器运至清洁室备洗。

4.1.5 将蠕动泵管及灌液针头按更换规格、品种方法清洗。

4.1.6 将地面用拖布清理干净。

4.1.7 更换生产状态标识牌及设备运行状态标识牌。

4.1.8 将本批次的岗位操作记录清理出生产现场。

4.1.9 将压缩空气软管、滤芯卸下,软管用纯化水冲洗10分钟,注射用水冲洗5分钟。滤芯用注射水浸泡5分钟,然后用注射用水冲洗5分钟,晾干后装入塑料袋内密封。将废乙醇放于回收桶内。

4.1.10 储液罐用丝光毛巾蘸纯化水擦拭容器的内表面,并用纯化水和注射用水冲洗5分钟,最后纯化水和注射用水自出口放净。过滤用滤芯用纯化水浸泡5分钟,用95%乙醇浸泡5分钟,浸泡过程中应不断翻转。并用纯化水和注射用水冲洗10分钟,晾干后装入塑料袋内密封存放,将废乙醇放于回收桶内。

4.1.11 岗位操作人员及时填写"滴眼剂灌封岗位清场记录"。班长检查确认无上一批遗留物后,在"滴眼剂灌封岗位清场记录"上签字,方可进行下一批次生产。

4.1.12 生产间断超过3日时,在生产前由质监员复查,并在"清场合格证"中填写检查时间、结论并签名,方可进行下一批次生产。

液体制剂技术

4.2 更换规格、品种清场

4.2.1 同 4.1.1。

4.2.2 同 4.1.2。

4.2.3 将所用工具运至清洁室，先用纯化水冲洗，必要时用刷子刷洗至无可见物，再用注射用水冲洗3遍，并用丝光毛巾蘸消毒液擦拭一遍。

4.2.4 将蠕动泵管及灌液针头用2L 4.0% NaOH 溶液冲洗，并用4.0% NaOH 溶液浸泡10分钟，然后分别用纯化水和注射用水各冲洗20分钟。

4.2.5 灌封机及管道表面：将丝光毛巾用饮用水浸湿后拧干，擦拭各部位，清洗丝光毛巾继续擦拭，直至无可见物。将丝光毛巾用纯化水浸湿后拧干，擦拭各部位3遍。用丝光毛巾蘸消毒液擦拭各部位一遍，自然晾干。

4.2.6 将压缩空气软管、滤芯卸下，用75%乙醇浸泡10分钟，注射用水冲洗10分钟。滤芯用75%乙醇浸泡10分钟，浸泡过程中不停翻转，然后用注射用水浸泡5分钟，最后用注射用水冲洗5分钟，晾干后装入塑料袋内密封。将废乙醇放于回收桶内。

4.2.7 储液罐用丝光毛巾蘸纯化水擦拭容器的内表面，接药液用硅胶软管用纯化水冲洗10分钟，然后用4.0% NaOH 浸泡10分钟，浸泡完毕后，用纯化水冲洗5分钟，最后用注射用水冲洗5分钟，晾干后放于生产用具橱内。将废乙醇放于回收桶内。

4.2.8 量筒用注射用水彻底清洗干净，用消毒液进行消毒，自然晾干，在指定位置放置。

4.2.9 将容器运至清洁室备洗。

4.2.10 货车拉到清洁室用饮用水冲洗至无可见物，用丝光毛巾蘸消毒液擦拭。

4.2.11 房间、送风口、回风口：墙壁、门、玻璃、灯具、顶棚、送风口和回风口，用浸湿饮用水的丝光毛巾或擦杆擦拭至无可见物；箱、柜、架内外表面用浸湿饮用水的丝光毛巾擦拭至无可见物；地面用拖布擦拭至无可见物。

4.2.12 更换生产状态标识牌及设备运行状态标识牌。

4.2.13 将本品种岗位操作记录清理出生产现场。

4.2.14 岗位操作人员及时填写"滴眼剂灌封岗位清场记录"，班组长检查确认无上一批遗留物后，在"滴眼剂灌封岗位清场记录"上签字。清场记录附于本批岗位操作记录之后。

4.2.15 在下一规格、品种生产前由质监员进行复查，合格后在"清场合格证"上签字，发放至岗位操作人员，附于下一规格、品种岗位操作记录之前。无"清场合格证"不得进行下一规格、品种的生产。

4.2.16 复查不合格，要重新清场直至复查合格。

附件3 滴眼剂自动灌装生产线生产操作与维护规程

滴眼剂自动灌装生产线生产操作与维护规程		登记号	页数
起草人及日期：		审核人及日期：	
批准人及日期：		生效日期：	
颁发部门：		收件部门：	
分发部门：			

1 **目的**：规范滴眼剂灌封岗位人员操作，保证产品质量。
2 **范围**：适用于滴眼剂灌封岗位的生产操作控制及机器维护。

3 职责：操作人员严格按本操作规程进行操作。

4 程序

4.1 准备工作

4.1.1 药液的输送：将配制好的药液由配液间，经管道泵或高压气输送到灌装机前的储液罐中，准备灌装。

4.1.2 包材及辅料的准备：包装瓶由储存间经传递窗传送到清洗间；将洗净并烘干后的塞、盖经传递窗送入灌装间；将准备好的不干胶标签安装到贴签机上。

4.1.3 检查水、电、气是否符合设备安全生产要求：去离子水、蒸馏水的水压，应大于或等于 0.15MPa；压缩空气的气压，应大于或等于 0.45MPa；各单机电源电压要稳定，容量要大于等于设备要求的功率。

4.2 操作

4.2.1 启动烘干箱，各温度控制仪表按说明书的规定设置参数，然后开始加热。

4.2.2 当烘干箱内温度达到瓶温时，启动理瓶机，开始给洗瓶机送盖。

4.2.3 启动洗瓶机与理瓶机的输送带。

4.2.4 当输送带上排满瓶时，启动洗瓶机进行洗瓶，洗瓶机每洗出 8 个瓶子，烘箱的传送带自动向前走一定的距离。

4.2.5 当瓶子由烘干箱送出到灌装机前的过渡圆盘并检查瓶子的烘干状态，瓶内是否有水滴和瓶子是否有软化情况，如出现上述情况，及时检查，分析处置问题。

4.2.6 当瓶子经过渡圆盘到达传送带时，启动灌装机，先打开气源，将气动执行元件都置于工作状态，再将灌装机置于调试状态，分别启动传送带和主轴，将瓶子送至灌装工位。

4.2.7 将盖和塞都送到轧盖和压塞工位，检查储药罐中液位，启动打药泵，使其注满药液（注意：灌装机在动作时，要保证储药罐中有一定的药液，液位不能太低，否则影响装药精度）。

4.2.8 将灌装机置于手动状态，启动灌装机，观察其工作状态，稳定后停机。

4.2.9 将灌装机置于启动状态，启动。

4.2.10 当灌装机的瓶子从灌装机中出来后，启动灯检传送带，人工对药瓶进行检查。

4.2.11 启动不干胶贴标机对灯检合格的药品贴标签，整线操作完成。

4.3 滴眼剂自动灌装生产线的维护

4.3.1 在启动生产线工作之前，必须将包材及辅料准备好，将药液送到灌装机前的储液罐中。

4.3.2 启动生产线工作之前，必须检查所用去离子水、蒸馏水的水压，压缩空气的气压是否符合要求，不合要求不能开机。

4.3.3 启动生产线后，如发现机器工作异常（有卡、碰及声音异常）必须停机进行检查，调整排除问题后，方可继续开机。

4.3.4 生产线工作过程中，如发现产品出现装量不准、卡瓶、卡盖和漏液，及贴签不正时，要及时停机，调整问题后，方可继续开机。

4.3.5 正常工作时，每班后要及时清理工作台面，检查机械各部件是否正常，有无松动，做好当班记录。

4.3.6 每班后要对机械的灌装系统（输送管、注药泵、注射针等）进行清洗消毒。

4.3.7 每周由维护人员对机械的运动部件、传动部件进行全面检查，注意润滑。

4.3.8 每半年进行一次中修，设备关键部件进行分解、清洗、检查精度，更换磨损的

液体制剂技术

零件和易损件,恢复主设备精度。

4.3.9 对设备3年进行一次大修,对设备进行全面分解,清洗检查,必要时更换,按设备出厂指标检验。

模块四 灯检

一、职业岗位

灯检工。

二、工作目标

1. 能按"批生产指令"领取原辅料,完成灯检操作。

2. 知道GMP对灯检过程的管理要点。

3. 按"批生产指令"执行灯检的标准操作规程,完成生产任务,生产过程中监控灯检的质量,并正确填写灯检原始记录。

4. 其他同项目三模块二。

三、准备工作

（一）职业形象

按"一般生产区生产人员进出标准程序"进入生产操作区。

（二）职场环境

参见项目一模块一。

（三）任务文件

1. 灯检岗位标准操作规程（见本模块附件1）

2. 灯检岗位清洁消毒规程（见本模块附件2）

3. 灯检台标准操作程序（见本模块附件3）

（四）生产用物料

参见本项目模块一。

（五）场地、设备与用具等

参见项目一模块一。

四、生产过程

执行"灯检岗位标准操作规程","灯检台标准操作程序",完成灯检。

五、结束工作

按"灯检岗位清洁消毒规程",完成所用过的设备、生产场地、用具、容器清洁。

六、可变范围

以BY-1型澄明度检测仪为例,其他异物光电自动检查机等设备参照执行。

七、基础知识

滴眼剂的附加剂：pH值调节剂，等渗调节剂，抑菌剂，延效剂，增稠剂，稳定剂、增溶剂与助溶剂。

八、法律法规

《药品生产质量管理规范》1998年版相关内容。

九、实训考核题

1. 试写出澄明度检测仪主要部件名称并指出其位置（不少于5种）。
2. 灯检操作的注意事项，怎样维护澄明度检测仪？

附件1　灯检岗位标准操作规程

灯检岗位标准操作规程		登记号	页数
起草人及日期：		审核人及日期：	
批准人及日期：		生效日期：	
颁发部门：		收件部门：	
分发部门：			

1　**目的：** 规范滴眼剂灯检岗位人员操作，保证产品质量。
2　**范围：** 适用于滴眼剂灯检岗位的生产操作控制。
3　**职责：** 操作人员严格按本操作规程进行操作。
4　**程序**

  4.1　操作人员穿戴工作衣、帽、鞋上岗。

  4.2　与灭菌工序联系，核对产品流转卡中的品名、规格、批号、数量，并检查产品的干燥情况，方可车入灯检工序。

  4.3　按照卫生部"注射液澄明度检查规则和判别标准"逐瓶目检，剔除残次品，力争正品中无废品，废品中无正品。

  4.4　逐瓶目检后再由专职人员抽检。1～2mL产品每盘抽检100支，5～20mL每盘抽检25支，必要时可增加检量。漏检率不得超过3‰，若超出了指标必须逐瓶重新灯检。

  4.5　操作时要拿得稳，翻得轻，不重放，不夹双排。灯检2小时后，应休息20分钟，以恢复视力。操作工目力应在0.9以上。

  4.6　灯检后，每盘成品必须放上标有品名、规格、工号的标签，移交印包工序。

  4.7　检出的玻屑、白块、焦头、容量差异等可回收品应与裂丝、空瓶、漏头、混浊、色素瓶等不可回收废品要分别做好标记，严格分开。

  4.8　可回收品每盘应标明品名、规格、批号、生产结束后交配料间回收。不可回收废品每日由灯检工负责打碎，剧毒药品必须经2人检查核对无误后方可销毁。

  4.9　在同一灯检间内不得同时灯检不同品种、同规格、同色泽的产品或同品种不同规格的产品。

  4.10　生产结束，严格清场，不得有遗漏。做好清扫工作，灯检盘定时清洗干净。认真、及时地填写各项原始记录。

液体制剂技术

附件 2　灯检岗位清洁消毒规程

灯检岗位清洁消毒规程		登记号	页数
起草人及日期：		审核人及日期：	
批准人及日期：		生效日期：	
颁发部门：		收件部门：	
分发部门：			

1　**目的**：确保灯检室清洁，保证工艺卫生及环境卫生，防止混药。
2　**范围**：适用于灯检室的清洁。
3　**职责**：灯检室操作人员对本规程的实施负责，QA人员负责监督。
4　**程序**

　4.1　清洁频次
　4.1.1　生产操作前、生产结束后清洁1次。
　4.1.2　更换品种时必须彻底清洁。
　4.1.3　每月生产结束后，彻底清洁1次（包括顶棚、墙面）。
　4.2　清洁工具
　清洁布、拖布、笤帚、水桶、清洁盆。
　4.3　清洁方法
　4.3.1　生产操作前：用湿清洁布擦拭澄明度检测仪外壁、室内操作台。
　4.3.2　生产结束后：清除生产中遗留产品及废弃物；用湿清洁布擦拭澄明度检测仪内外壁及灯管、室内操作台、门窗、把手，擦去表面灰垢及污迹；地面用湿拖布擦拭干净。
　4.3.3　每月生产结束彻底清洁1次，包括澄明度检测仪的灯管、顶棚、墙面，除去表面灰垢。
　4.3.4　清场结束后，填写清场记录，经QA人员检查合格，在批生产记录上签字，并签发"清场合格证"。
　4.4　清洁效果评价
　目测灯检室各表面应洁净，无可见灰垢或污垢。
　4.5　清洁工具清洗及存放
　按"清洁工具清洁规程"对一般生产区清洁工具清洗存放。

附件 3　灯检台标准操作程序

灯检台标准操作程序		登记号	页数
起草人及日期：		审核人及日期：	
批准人及日期：		生效日期：	
颁发部门：		收件部门：	
分发部门：			

1　**目的**：规范滴眼剂灯检岗位人员操作，保证产品质量。
2　**范围**：适用于滴眼剂灯检岗位的生产操作控制。
3　**职责**：操作人员严格按本操作程序进行操作。
4　**程序**

4.1 将检品盘正向放入灯箱内,保护电器箱内电器元件。

4.2 启动电源开关,此时荧光灯亮。

4.3 启动照度开关,此时照度显示为数字"00",表示照度为0lx。

4.4 将仪器配备的照度传感器插头插入面板孔,掀开光池保护盖,将其放在平行与伞栅边缘的检晶检测位置,测定照度,同时旋转仪器上部的照度调节旋钮至所需照度为止。

4.5 根据测定要求,用仪器面板上的拨盘开关,设定所需检测的时间。

4.6 在检测样品的同时,按动计时微动开关,指示灯每秒闪烁一次,并在起始和终止时有声响报警。

4.7 测试完毕后,关上仪器的总电源开关,拔下电源插头。

模块五 印字包装

一、职业岗位

制剂包装工。

二、工作目标

1. 能按"批生产指令"领取灯检后的滴眼剂,做好印字与包装的其他准备工作。

2. 知道GMP对理印字与包装过程的管理要点,知道印字与包装的操作要点。

3. 按"批生产指令"执行印字与包装的标准操作规程,完成生产任务,生产过程中监控印字与包装的质量,并正确填写印字与包装原始记录。

4. 其他同项目三模块二。

三、准备工作

(一)职业形象

按"一般生产区生产人员进出标准程序"进入生产操作区。

(二)职场环境

见项目一模块一。

(三)任务文件

1. 包装岗位标准操作规程(见本模块附件1)

2. 全自动不干胶贴标机操作规程(见本模块附件2)

3. 全自动不干胶贴标机清洁规程(见本模块附件3)

(四)生产用物料

对从灯检岗位接收来的原料检查有无合格证,并核对本次生产品种的品名、批号、规格、数量、质量无误后,进行下一步操作。

(五)场地、设备与用具等

参见项目一模块一。

四、生产过程

执行"包装岗位标准操作规程","全自动不干胶贴标机操作规程",完成生产。

液体制剂技术

五、结束工作

按"全自动不干胶贴标机清洁规程"完成所用设备、生产场地、用具、容器的清洁。

六、可变范围

以印字包装联动机、自动捆包机为例,其他印字包装联动生产线等设备参照执行。

七、基础知识

滴眼剂的包装形式很多,应按具体条件选用。目前用于滴眼剂包装的材料有玻璃、橡胶和塑料。中性玻璃对药液的影响小,是最好的包装材料。塑料瓶包装价廉、不碎、轻便,塑料瓶有一定的透气性,不适宜盛装对氧敏感的药物溶液。

八、法律法规

《药品生产质量管理规范》1998年版相关内容。

九、实训考核题

1. 如何调节传送带速度与贴签机一致?
2. 如何进行合箱操作?
3. 关机操作。

附件1　滴眼剂外包装岗位标准操作规程

滴眼剂外包装岗位标准操作规程		登记号	页数
起草人及日期:	审核人及日期:		
批准人及日期:	生效日期:		
颁发部门:	收件部门:		
分发部门:			

1　目的:规范滴眼剂真空检漏、灯检、贴标、包装岗位人员操作,保证产品质量。
2　范围:适用于滴眼剂真空检漏、灯检、贴标、包装岗位的生产操作控制。
3　职责:操作人员严格按本操作规程进行操作。
4　程序

 4.1　准备工作

 4.1.1　查看房间、设备卫生。

 4.1.2　检查真空检漏器的硅橡胶密封条,若密封不严及时更换。

 4.1.3　根据"批生产指令"悬挂生产状态标识,核对品名、规格、批号。

 4.1.4　正确润滑贴标机。

 4.1.5　将设备运行状态标识牌由"停机"更换为"运行"。

 4.1.6　按"批生产指令"从外包材库领取相应的标签、说明书、中盒、瓶签、小盒、防伪封签、大箱(箱垫)等包材,填写"标签类包材领发记录"。

 4.2　操作

4.2.1 真空检漏。

4.2.1.1 关闭排空阀门，打开真空阀门，待压力表指针达到工艺要求后打开排空阀门，待压力表指针到0MPa后，打开出料门，取出检测好的半成品。关好出料门。将标识牌"可装箱"示意给灌封操作人员，即可开始向真空检漏箱内加灌封好的半成品。

4.2.1.2 重复4.2.1.1操作。

4.2.1.3 检测时，注意观察压力表指针，以免压力过大。

4.2.2 灯检。

4.2.2.1 灯检操作人员将松盖、空瓶、量差等废品挑出、计数，做好记录。

4.2.2.2 灯检操作人员发现装量异常或瓶中特殊异物，必须及时通知灌装人员，以便及时发现问题，杜绝质量事故的发生。

4.2.3 贴标。

4.2.3.1 装上标签，并调整标签带平衡，使打印字码处于合适的位置，并调整热烫印字机上的批号及生产日期。

4.2.3.2 正确无误后，输瓶进入自动工作状态。

4.2.3.3 运行过程中，随时检查所打字迹应清晰、完整，位置端正，无漏打、打偏；标签贴正、整齐、牢固，不得有松、歪、漏贴等现象，发现异常及时查找原因并挑出不合格品。

4.2.3.4 废标签与其他废弃物在指定位置定址存放。

4.2.4 包装。

4.2.4.1 装小盒。每小盒装入1支半成品，1个盒托、1张说明书，瓶口与小盒上"外"字方向一致，将小盒两头折舌插入，折线棱角分明、整齐。

4.2.4.2 装中盒。中盒右折舌上盖上包装人名章，将20小盒装入1中盒，要求内部小盒"外"字向上放置整齐、排列一致，数量准确。中盒沿边折好，插入盒中，折口平直、整齐，在折边中间位置贴上防伪封签。

4.2.4.3 装箱。

① 每箱内装入30中盒并放合格证1张，上下箱垫各1个，要求使用的合格证上应印有品名、批号、检验日期、质监员人名章以及包装人姓名。

② 箱盖间刷聚乙烯浆黏合完全，用胶带封箱，两端胶带各留6~7cm，两侧左上角打印工号。

4.2.5 操作人员根据操作如实、认真地填写"滴眼剂批包装记录"。

4.3 生产结束

4.3.1 关闭各机器总电源，拔下电源插头。

4.3.2 岗位负责人及时填写"滴眼剂批包装记录"。

4.3.3 将合格的成品送入待验品库。

4.3.4 填写"外包装岗位清场记录"。

附件2 全自动不干胶贴标机操作规程

全自动不干胶贴标机操作规程	登记号	页数
起草人及日期：	审核人及日期：	
批准人及日期：	生效日期：	
颁发部门：生产部	收件部门：	
分发部门：生产各车间、工程部		

1 目的：建立全自动不干胶贴标机操作规程。
2 范围：适用于全自动不干胶贴标机的操作。
3 职责：全自动不干胶贴标机操作人员对本规程的实施负责。
4 程序

   4.1 开机前的准备

     4.1.1 检查工作室内的清洁，清除多余的物品，贴标机是否挂有"已清洁"状态标识。

     4.1.2 调整剥离板与瓶体间的距离，使之达到1.5～3mm距离，过近会使标签底纸与瓶体之间产生摩擦，标纸易断，距离过大，会使标签不能正确地贴在瓶体上。

     4.1.3 调整贴标辊与剥离板之间的距离，使之达到1.5～3mm，主要解决不出标时贴标辊不碾标纸的故障。

     4.1.4 用瓶体检查与贴标辊之间的松紧度，以瓶压紧能检入为宜，过松过紧可调整贴标挡板和贴标辊固定架升降轮。

     4.1.5 将标纸放到标纸辊上，依次通过打码机色带、沟型片、电探头、剥离板及压标轴一切调整好后开机。

     4.1.6 检查水、电各开关情况，供应状态。

   4.2 开机

     4.2.1 打开电源，指示灯亮。

     4.2.2 将打码机的打字加热，旋钮调整到最高挡，3～6分钟打印批号清晰可见时，将旋钮调至2挡，按"热打码机标准操作规程"操作。

     4.2.3 检查光电头的灵敏度。

     4.2.3.1 检查瓶光电检测器，用一阻隔物在距光电头5～10mm处晃动，晃一下出2个以上标为灵敏度高，晃几次出1个标为灵敏度低，调节电位器上的旋钮。

     4.2.3.2 检查标纸光电检测器，观察标签出剥离板的距离应为1～3mm，以瓶体通过时不与标签发生接触为宜；距离不当时，可调整电位器上的旋钮，如调整不过来，可调整沟型光电头与两标签间隔的距离。

     4.2.4 以上调整正常后，将要贴标的药瓶排放在输瓶转盘上，依次用输送、分瓶速度旋钮调整，再将送标速度旋钮调至3～4挡，贴标速度旋钮调整5～6挡。

     4.2.5 检查贴标的情况，如果出现连标、扯纸等现象主要调节输送、送标、贴标3种速度即可。

   4.3 关机

     4.3.1 关闭电源开关，切断电源插头。

     4.3.2 按"全自动不干胶贴标机清洁规程"对贴标机进行清洁、润滑。

     4.3.3 经QA人员检查合格后在记录上签字，并将状态标识挂在机器上。

   4.4 注意事项

     4.4.1 机器运转中，有漏标时，不要用手去拣标，以免手压入贴标辊内。

     4.4.2 打码机加热旋钮待温度已够时，要将旋钮旋至较低挡，以免预热时间过长而将打码机加热系统烧坏。

     4.4.3 操作中途如需更换批号时要用镊子夹批号，以免伤手。

   4.5 操作中途异常情况及处理

     4.5.1 漏标或不贴标，原因有两个：一是光电头与瓶体距离远，可调节光电头与贴标挡板平行距离；二是光电头灵敏度低，可调节电位器旋钮。

     4.5.2 连续出标原因有两个：一是光电头灵敏度高，调节电位器旋钮；二是沟型光电头透明度不够即灵敏度不够,调节电位器红绿灯间隔距离。

  4.5.3 标签打折原因:贴标辊过高,可调整标辊挡板或是调节贴标辊固定架升降轮。

  4.5.4 断标原因:一是输送速度过快,可降低输送速度;

         二是送标与贴标速度不当,调整贴标速度;

         三是压标轴压簧过紧,调整压标轴压簧。

  4.5.5 打字不稳定:输送、送标、贴标3种速度过快,打码机反映不过来,可调整3种速度。

附件3 全自动不干胶贴标机清洁规程

全自动不干胶贴标机清洁规程		登记号	页数
起草人及日期:		审核人及日期:	
批准人及日期:		生效日期:	
颁发部门:生产部		收件部门:	
分发部门:生产各车间、工程部			

1 目的:为确保机器正常运转,并保持机器处于洁净状态。

2 范围:适用于全自动不干胶贴标机的清洁操作。

3 职责:全自动不干胶贴标机的操作人员对本规程的实施负责,QA人员负责监督。

4 程序

 4.1 清洁频次

  4.1.1 生产操作前、生产结束后清洁1次。

  4.1.2 更换品种时清洁1次。

  4.1.3 生产过程中应及时清除机器上的油污、药液、玻璃碎屑、废标签等。

  4.1.4 每周大清洁1次,将平常使用中不易清洁到的地方擦拭干净。

 4.2 清洁工具

 毛刷、清洁布、棉花、镊子、橡胶手套。

 4.3 清洁剂

 95%乙醇溶液。

 4.4 清洁方法

  4.4.1 关闭电源开关,并将贴标速度旋钮、送标速度旋钮、输送速度旋钮调整到零位。

  4.4.2 将使用后的废标签卷,按安装规程的逆顺序取下,收集于废料桶内,并按"生产中废弃物处理规程"处理。

  4.4.3 将使用后作废印带卷,按安装规程的逆顺序拆卸下来,收集入废料桶内,并按"生产中废弃物处理规程"处理。

  4.4.4 将活字装卸把手向里微推,并旋转90°~180°,脱下钩头后取下活字模块,旋松活字模块上的固字螺钉,将活字拆卸下来,用95%乙醇溶液擦拭铅字及活字模块,并将铅字放入的铅字盒于指定地点存放,将活字模块重新安装在印字头上。

  4.4.5 将盛料钢盘内废标签计数销毁,玻璃碎屑等残留物收集入废料桶内。

  4.4.6 用毛刷将装料斗、转盘、输送带等全自动不干胶贴标的各外表面的尘粒、碎屑等收集入废料桶内。

4.4.7 用湿清洁布擦拭机器的各表面。

4.4.8 将沾有油污、污迹的部位，用清洁剂擦拭。

4.4.9 用水冲净的湿布或用镊子夹取浸水棉花，擦拭去除清洁剂残留。

4.4.10 用干的清洁布或棉花迅速擦干。

4.4.11 视污染情况，每周1~2次用95％乙醇溶液擦洗加热打码机的送带轮、压带轮、导带曲杆防止粘带打滑，造成印字不清。

4.4.12 清洁完毕后，详细填写设备清洁记录，并请QA人员检查，确认清洁合格后，签字并贴挂"已清洁"状态标识。

4.5 清洁效果评价

表面光洁、干净、无可见灰尘、油垢、污物污染，无前批生产遗留物。

4.6 清洁工具

清洁与存放按"清洁工具清洁管理规程"在清洁工具间内进行清洁、晾晒，并在指定地点存放。

项目六 无菌分装粉针剂

注射用无菌粉末可分为两种：一种是将原料药精制成无菌粉末直接进行无菌分装制得，称为注射用无菌分装制品；另一种是将药物配成无菌溶液或混悬液无菌分装后，再进行冷冻干燥制得的粉末，该产品也称冻干粉针剂。

本项目主要介绍《中华人民共和国药典》2005年版（二部）收载的无菌分装粉针剂的生产。无菌分装粉针剂生产的工艺流程见图6-1。

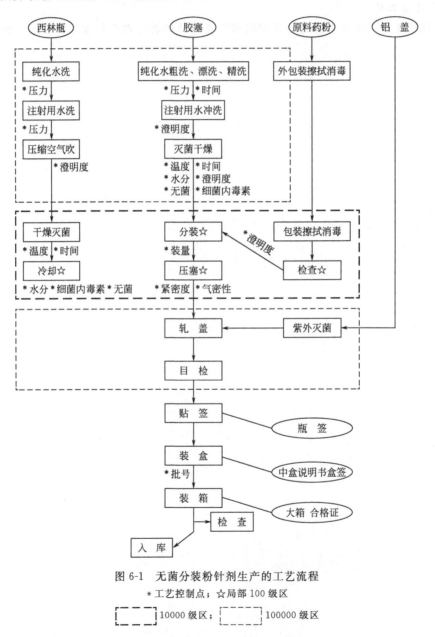

图6-1　无菌分装粉针剂生产的工艺流程
＊工艺控制点；☆局部100级区
▢ 10000级区；▢ 100000级区

模块一　洗烘瓶

一、职业岗位

理洗瓶工。

二、工作目标

参见项目三模块二。

三、准备工作

（一）职业形象

参见项目三模块二。

（二）职场环境

参见项目一模块一。

（三）任务文件

1. 洗烘瓶岗位标准操作规程（见本模块附件1）
2. QCK型超声波抗生素玻璃洗瓶机标准操作程序（见本模块附件2）
3. QCK型超声波抗生素玻璃洗瓶机标准清洁操作程序（见本模块附件3）
4. 远红外隧道式烘箱标准操作程序（见本模块附件4）
5. 远红外隧道式烘箱清洁标准操作程序（见本模块附件5）

（四）生产用物料

根据"批生产指令"领取所需量的原辅料，对从仓库接收来的西林瓶检查有无合格证，并核对本次生产品种的品名、批号、规格、数量、质量无误后，通过传递窗进行下一步操作。

（五）场地、设备与用具等

参见项目一模块一。

四、生产过程

执行"洗烘瓶岗位标准操作规程"，"QCK型超声波抗生素玻璃洗瓶机标准操作程序"，"远红外隧道式烘箱标准操作程序"，完成洗烘瓶操作。

五、可变范围

以QCK型超声波抗生素玻璃洗瓶机、远红外隧道式烘箱为例，其他洗瓶机、烘箱等设备参照执行。

六、基础知识

我国生产的西林瓶有两种类型：一种是管制的抗生素玻璃瓶，另一种是模制抗生素玻璃瓶。

七、法律法规

《药品生产质量管理规范》1998年版相关内容。

八、实训考核题

试写出无菌分装粉针剂生产的环境要求，包括洁净度级别、温度、相对湿度、压差等方面的要求。

附件1　洗烘瓶岗位标准操作规程

洗烘瓶岗位标准操作规程		登记号		页数	
起草人及日期：		审核人及日期：			
批准人及日期：		生效日期：			
颁发部门：		收件部门：			
分发部门：					

1　**目的**：规范洗烘瓶岗位操作。
2　**范围**：适用于粉针剂洗瓶处理岗位。
3　**职责**：本岗位操作人员对规程的实施负责。
4　**程序**

　4.1　清洗前准备
　　4.1.1　验收
　　由理瓶岗位送来的西林瓶，由专人负责验收，要求数量准确、质量符合要求。
　　4.1.2　清洁
　　做好室内卫生、清除设备上一切杂物，擦拭台面油污，用洗衣粉刷洗与瓶子有接触的流水工作面。
　　4.1.3　洗瓶用水及洗瓶机构检查
　　检查过滤后的洗瓶用水，澄明度合格后备用。打开洗瓶水阀门，检查洗瓶机各喷水孔是否畅通，洗瓶水压力应适宜。
　4.2　超声波洗西林瓶
　　4.2.1　开机前
　　　4.2.1.1　检查电源、注射用水水源和压缩空气情况是否正常，如有故障应排除。
　　　4.2.1.2　检查各传动齿轮，滑动轴承凸轮槽等应正常。注入适量润滑油。
　　　4.2.1.3　整机内外部清洗干净，符合要求。
　　　4.2.1.4　注入注射用水，给水槽内注水，检查水量达到溢流管顶部为止。
　　　4.2.1.5　清洗前的西林瓶应符合质量要求。
　　　4.2.1.6　严格检查整机各部件是否正常符合要求。
　　　4.2.1.7　转动手动试车盘，检查主要部位是否无误。
　　　4.2.1.8　若在洗、烘、灌封联动线上操作，应与下工序速度相衔接。
　　4.2.2　开机：
　　　4.2.2.1　接通控制箱的主开关，绿色信号灯亮。
　　　4.2.2.2　相继打开压缩空气和注射用水控制阀调整压力。
　　　4.2.2.3　相继打开水泵阀、喷淋阀和超声波旋钮，检查滤水澄明度，应符合要求。
　　　4.2.2.4　合格西林瓶陆续放入清洗抽斗中。
　　　4.2.2.5　正常运行开始：西林瓶浸入超声波洗瓶机清洗，清洗后推入隧道式烘箱中。

4.2.2.6 运行过程中,发生故障时主机会自动停机,应及时检修,注意安全。

4.2.2.7 西林瓶清洗过程中做好原始操作记录。

4.2.3 工作完毕:

4.2.3.1 关闭主机停机按钮,停止运行。

4.2.3.2 关闭水泵、喷淋、超声波、压缩空气和注射用水等按钮和阀门。

4.2.3.3 将电器的主开关断开,产电源信号熄灭。

4.2.3.4 将水槽内循环水和注射用水过滤器下的余水放尽。

4.2.3.5 将水槽内玻璃碴清除。

4.2.3.6 整机内外部分别进行清洁、整理,应符合要求。

4.2.3.7 经检查合格后,挂上状态标识。

4.3 西林瓶灭菌(远红外隧道式烘箱)

4.3.1 开机前:

4.3.1.1 检查设备、电器及各转动部位是否正常,若有故障应排除,并经常在传动部位添加润滑油。

4.3.1.2 检查烘箱内部,不锈钢传送带,外部及仪表部位是否清洁,符合规定要求。

4.3.1.3 确定烘箱内烘干灭菌温度与停机温度,调整到位(到时自动停机)。

4.3.2 开机:

4.3.2.1 接通控制箱的主开关。

4.3.2.2 启动烘箱的各部位仪表控制按钮,并将烘箱进出口的升降板调整到合适位置。

4.3.2.3 本机开始运行连接清洗机上已洗净西林瓶,进行干燥灭菌。烘箱传送带运行的速度,应符合干燥、灭菌要求。

4.3.2.4 运行过程中,发生故障时应及时调整或停机检修。

4.3.3 工作完毕:

4.3.3.1 关闭电源和仪表各部位有关按钮。

4.3.3.2 待隧道式烘箱冷却后,按规定清洁烘箱内部和不锈钢传送带,并取尽西林瓶碎渣。同时将设备外部打扫干净至符合要求。检查合格后,挂上状态标识。

4.3.3.3 按规定做好操作记录。

附件 2 QCK 型超声波抗生素玻璃洗瓶机标准操作程序

QCK 型超声波抗生素玻璃洗瓶机标准操作程序		登记号	页数
起草人及日期:		审核人及日期:	
批准人及日期:		生效日期:	
颁发部门:		收件部门:	
分发部门:			

1 **目的:** 规范洗瓶机标准操作。
2 **范围:** 适用于粉针剂洗烘瓶岗位。
3 **职责:** 本岗位操作人员对本程序的实施负责。
4 **程序**

4.1 开机前准备工作

4.1.1 检查操作间是否有清场合格标识,并在有效期内,否则按"清场标准操作规程"进行清场并经 QA 人员检查合格后,填写"清场合格证",才能进行下一步操作。

4.1.2 检查是否有生产状态标识牌。

4.1.3 检查操作间的温湿度是否符合要求。

4.1.4 检查设备是否有"合格"、"已清洁"标识牌,并对设备进行检查,确认设备正常方可使用。

4.1.4.1 检查水、电、压缩空气是否符合要求(水和气的压力值为 0.2MPa)。

4.1.4.2 给水箱注满纯化水(关闭水箱排水阀,加水注入至溢流口下边缘)。

4.1.4.3 检查水泵是否正常(打开水阀、水泵开关,水箱水可注入洗瓶的水槽中至水浮处)。

4.1.4.4 分别开启纯化水、注射用水的阀门,检查喷水孔是否畅通、水压、水温是否符合要求。

4.1.5 根据"批生产指令"填写领料单,并领取西林瓶。

4.1.6 挂运行状态标识牌,进行操作。

4.2 开机

4.2.1 打开纯化水开关至规定值。

4.2.2 打开压缩空气的阀门到 0.2MPa。

4.2.3 开水泵,使水槽中的水至要求水位。

4.2.4 启动超声波发生器。

4.2.5 在转盘中加入足够的玻璃瓶,开动转盘和拨轮;进行洗瓶操作。

4.3 清洗结束

4.3.1 关闭转盘和拨轮。

4.3.2 关闭超声波发生器。

4.3.3 关闭水阀。

4.3.4 关闭水、气阀门。

4.3.5 清除本批操作中剩余的瓶子。

4.3.6 对超声波洗瓶机进行清洁。

4.3.7 对场地进行清洁。

4.3.8 填写生产原始记录。

附件 3 QCK 型超声波抗生素玻璃洗瓶机标准清洁操作程序

QCK 型超声波抗生素玻璃洗瓶机标准清洁操作程序		登记号	页数
起草人及日期:		审核人及日期:	
批准人及日期:		生效日期:	
颁发部门:		收件部门:	
分发部门:			

1 **目的**:规范洗烘瓶岗位标准操作。
2 **范围**:适用于粉针剂洗瓶岗位。

3 职责：本岗位操作人员对本程序的实施负责。
4 程序

4.1 清洁工具

丝光毛巾、刷子、镊子。

4.2 清洁部门

超声波洗瓶机的水槽内外部、设备外表等系数。

4.3 清洁剂

注射用水、酒精。

4.4 清洁频次

每班一次。

4.5 清洁方法

4.5.1 超声波洗瓶机的水槽内外部藏垢处用刷子洗刷，西林瓶碎渣用镊子挑净再用注射用水冲洗干净（必要时再采用酒精擦干）。

4.5.2 设备外表系统用注射用水擦洗，干净丝光毛巾擦拭，至符合要求。

4.5.3 滤芯按规定处理至符合要求。

4.6 清洁效果评价

用一块白腈纶布擦拭超声波洗瓶机的水槽内外部设备外表等系统，白布表面无异色，则清洗合格。

4.7 清洁工具的清洗与存放

用注射用水冲洗，存放于指定的清洁工具箱内。

附件4 远红外隧道式烘箱标准操作程序

远红外隧道式烘箱标准操作程序		登记号	页数
起草人及日期：		审核人及日期：	
批准人及日期：		生效日期：	
颁发部门：		收件部门：	
分发部门：			

1 目的：规范洗烘瓶标准操作。
2 范围：适用于粉针剂烘瓶岗位。
3 职责：本岗位操作人员对本程序的实施负责。
4 程序

4.1 开机前准备

4.1.1 检查设备的清洁。

4.1.2 试开机运行，检查设备运转是否正常，有无异常声响。

4.2 操作

4.2.1 将功能选择开关、进瓶口风机开关、出瓶口风机开关、排风机开关、传送带开关、加热器开关置于自动，排空选择开关向左旋转。

4.2.2 打开电源开关，加热温度达到预置温度后，出瓶口瓶多指示灯灭；交流电流表指示灯灭。

4.2.3 按传送带启动按钮,烘干机开始自动工作。清洗后的安瓿先被预热吹干后,350℃高温灭菌6分钟,最后冷却至40~50℃输出备用。
4.2.4 操作时随时查看故障显示功能,以便准确及时排除故障。
4.2.5 如遇特殊情况,操作者可按下烘干机上或电控柜上紧急停车开关。
4.2.6 观察压差(进瓶口风机操作灯、排风机指示灯),当送风系统启动后,压差计上的液柱面超过350Pa时,须更换高效预过滤器。
4.2.7 查看电控箱上的3块电流表,如电流低于15A,应检查加热元件,并及时更换。
4.2.8 每周检查一次加热管导线的固定螺钉,发现松动及时紧固。
4.2.9 设备运转时,禁止将手伸入隧道式灭菌烘箱内。
4.3 关机
工作结束后,关闭所有操作钮回复原位,并关闭总电源。
4.4 清洁
按"远红外隧道式烘箱清洁标准操作程序"进行清洁。

附件5 远红外隧道式烘箱清洁标准操作程序

远红外隧道式烘箱清洁标准操作程序	登记号	页数
起草人及日期:	审核人及日期:	
批准人及日期:	生效日期:	
颁发部门:	收件部门:	
分发部门:		

1 **目的**:规范洗烘瓶岗位标准操作。
2 **范围**:适用于粉针剂烘瓶岗位。
3 **职责**:本岗位操作人员对本程序的实施负责。
4 **程序**
4.1 清洁频次
4.1.1 生产前、生产结束后清洁1次。
4.1.2 每星期生产结束后消毒1次。每月刷洗1次传输带。如有特殊情况应随时清洁、消毒。
4.2 清洁工具
毛刷、不脱落纤维的清洁布、橡胶手套、清洁盆、镊子。
4.3 清洁剂
洗涤剂。
4.4 消毒剂
5%甲酚皂溶液,2%苯扎溴铵溶液,75%乙醇。
4.5 清洁方法
4.5.1 生产前用清洁布清洁。
4.5.2 生产结束后清洁:取下底座上的门,清除底座内的浮尘及杂物,并用水冲洗,注意不要把水溅到电机和电控箱上;设备表面用清洁布擦拭清除表面污渍。
4.5.3 每周生产结束清洁后,用消毒剂彻底消毒设备各表面。

液体制剂技术

4.5.4 填写设备清洁记录，经 QA 人员检查合格，贴挂"已清洁"状态标识卡。
4.6 清洁效果评价
目测设备各表面光亮洁净，无可见污迹。
4.7 清洁工具清洗及存放
按清洁工具清洁规程，在清洁工具间清洗、存放。

模块二　洗烘胶塞

一、职业岗位
理洗瓶工。

二、工作目标
1. 能按"批生产指令"领取胶塞，完成洗烘胶塞工作并做好其他准备工作。
2. 知道 GMP 对无菌分装粉针剂过程的管理要点，知道典型胶塞清洁机的操作要点。
3. 按"批生产指令"执行典型的胶塞清洁机标准操作规程，完成生产任务，并正确填写原始记录。
4. 其他同项目三模块二。

三、准备工作

（一）职业形象
按"100000 级洁净区生产人员进出标准程序"进入生产操作区。

（二）职场环境
参见项目一模块一。

（三）任务文件
1. 洗烘胶塞岗位标准操作规程（见本模块附件 1）
2. 胶塞清洗机标准操作规程（见本模块附件 2）
3. 胶塞清洗机清洁保养标准操作规程（见本模块附件 3）

（四）生产用物料
同本项目模块一。

（五）场地、设备与用具等
参见项目一模块一。

四、生产过程
执行"洗烘胶塞岗位标准操作规程""胶塞清洗机标准操作规程"，完成洗烘胶塞工作。

五、结束工作
按"胶塞清洗机清洁保养标准操作规程"，完成所用的设备、生产场地、用具、容器清洁。

六、可变范围

以 KJCS-4A 全自动湿法超声波胶塞清洗机为例,其他清洗机等设备参照执行。

七、基础知识

丁基胶塞的质量要求:①富于弹性及柔韧性;②针头刺入和拔出后应立即闭合,能耐受多次穿刺而无碎屑脱落;③具耐溶性,不致增加药液中的杂质;④可耐受高温灭菌;⑤有高度化学稳定性;⑥对药液中药物或附加剂的吸附作用应达最低限度;⑦无毒,无溶血作用。

八、法律法规

《药品生产质量管理规范》1998 年版相关内容。

附件 1　洗烘胶塞岗位标准操作规程

洗烘胶塞岗位标准操作规程		登记号		页数	
起草人及日期:		审核人及日期:			
批准人及日期:		生效日期:			
颁发部门:		收件部门:			
分发部门:					

1　目的:建立粉针剂车间胶塞清洗岗位的标准操作规程,确保正确操作。
2　范围:适用于粉针剂车间胶塞清洗岗位生产操作。
3　职责:操作工对本规程的实施负责,车间管理人员、质量员负责监督检查。
4　程序

4.1　生产前的检查

4.1.1　设备:检查胶塞清洗设备状态标识,设备是否正常、已清洁。

4.1.2　水、电、气(汽)供应良好,纯化水及注射用水检验合格。

4.1.3　开始生产前应对上一个班次的清场进行检查,有质量员下发的"清场合格证"副本(将其贴于批生产记录),方可生产。

4.2　开始生产前的准备

4.2.1　从进盘传递窗中取出理塞人员理好的胶塞,对所领物料的规格、型号、数量进行核对。然后将蓝筐中的胶塞倒入不锈钢周转桶内,将蓝筐从出盘传递窗中传出,交由理塞者。

4.2.2　按"物料进出洁净区清洁清毒规程"将外包装去除。

4.2.3　及时填写并悬挂生产状态标识。

4.3　生产操作

4.3.1　流程:真空进料→清洗(喷淋粗洗、注射用水精洗)→取样→硅化→排水→冲洗→蒸汽灭菌→真空干燥→热风灭菌→真空干燥→常压化→出料

4.3.2　开启电控柜进入主屏操作,设定自动清洗参数。

4.3.3　真空进料。

4.3.3.1　启动主轴转动,点击"进料采样"。

4.3.3.2　待清洗桶加料口对准加料位置后,主轴自动停止转动。

4.3.3.3　打开进料口,连接进料附件(吸料软管)。

液体制剂技术

4.3.3.4　点击"开始"按钮，真空系统开启开始进料。如需暂停可按"暂停"钮。

4.3.3.5　吸完料后，关好清洗桶上的拉门并锁紧，锁紧进料口盖。

4.3.4　按动"连续运行"，设备自动按设定程序对胶塞执行清洗程序，包括喷淋粗洗、注射用水精洗。

4.3.4.1　取样检查。

① 取样：取样时待清洗桶自动停止后，清洗桶取样口对准外取样口及绿色指示灯亮时，打开清洗箱上快开取样口盖，再拉开清洗桶上的取样口拉门，用取样器取样。取样后先关好清洗桶上的取样口拉门，再关紧清洗箱上的快开取样口盖。

② 检查：将40个清洗后胶塞放入500mL碘量瓶，加入无毛点注射用水200mL，按《中华人民共和国药典》2005年版（二部）标准检查澄明度。其中毛点不超过3个，5mm以上长毛禁止出现。

③ 经清洗后的胶塞，如未能达到洁净度指标，可重复进行清洗操作，合格后可进入下一个工序。胶塞清洗合格后点击主屏"结束采样"按钮，自动进行硅化工序。

4.3.4.2　硅化：给硅油加料斗加满硅油（500mL硅油可硅化40000支胶塞）。待清洗液被加热至设定值，将硅油加入清洗箱内进行硅化，硅化结束自动进行排水、冲洗。

4.3.4.3　冲洗结束后，关闭外部注射用水阀。

4.3.4.4　设备自动按设定程序进行蒸汽灭菌、真空干燥、热风干燥、真空干燥、常压化，直到出料。按水分要求和实际工艺条件，可重复行多次热风灭菌，抽真空干燥，进以降低含水率。

4.3.4.5　电话通知灌装加塞工序出料。

4.3.4.6　出料：点击"释放前门"按钮，开启前门锁定电磁阀。通知灌装加塞岗位出塞。出料时应打开出料槽前旋转大门。当大门指示灯的绿灯亮时，将手轮按逆时针方向旋转至最内点，把住手轮保持平衡打开大门至最右端。挂好出料接嘴，然后旋转出料旋钮至出料位置，出料槽即转至下端，开始出料。出完料后，应立即将出料接嘴取下，关好出料门。点击结束按钮，操作结束。

4.3.4.7　灭菌后的胶塞及无菌生产工具应在24小时内使用。

4.4　清洁、清场

生产结束后，对设备、容器、用具按照相应清洁规程进行清洁，及时悬挂清洁标识。经质量员检查合格后发放"清场合格证"，将"清场合格证"正本贴于批生产记录，副本留于记录桌交于下一班次生产人员。

4.5　异常情况处理和报告

生产过程中发生异常情况时，应按"生产过程偏差处理管理规程"处理，并填写在批生产记录偏差处理栏内。

4.6　注意事项

4.6.1　进入胶塞清洗间的人员应按"生产区人员更衣管理规程"进行净化、更衣。

4.6.2　设备运行过程中，操作人员不得擅自离岗。

4.6.3　若有两人同时操作，开机前应互相打好招呼，双方同意后再开机。

4.6.4　清洁设备时，应注意保护电气部分，防止进水、漏电。

4.6.5　操作阀门、设备时应注意防止烫伤。

4.6.6　清洗箱蒸汽灭菌时，箱内最高压力应不高于0.14MPa。

4.6.7　蒸汽灭菌结束之前，打开手动针形阀，排放残留的冷凝水。

4.6.8　出料时箱内的温度应小于60℃。

4.6.9 箱内有正负压时,不得开启出料门和取样口门。指示灯为红灯时,亦不能开启(清洗箱内有压力时,出料门有自锁装置)。

4.6.10 真空泵无水时,不能开启。

4.6.11 停止抽真空时,应先关闭气动阀,后停真空泵,以防泵内水倒灌入清洗箱内。

附件2　胶塞清洗机标准操作规程

胶塞清洗机标准操作规程		登记号		页数	
起草人及日期:		审核人及日期:			
批准人及日期:		生效日期:			
颁发部门:		收件部门:			
分发部门:					

1　**目的:** 建立胶塞清洗机操作规程,明确胶塞清洗机操作方法,使胶塞清洗机操作规范化。
2　**范围:** 适用于胶塞清洗机操作。
3　**职责:** 设备技术人员、操作人员对本规程的实施负责。
4　**程序**

4.1　操作前准备

4.1.1　打开自来水阀门,检查水压≥0.1MPa。

4.1.2　打开蒸馏水阀门,检查蒸馏水压≥0.2MPa。

4.1.3　打开压缩空气阀门,检查压缩空气压力≥0.1MPa。

4.1.4　打开蒸汽阀门,检查蒸汽压力≥0.1MPa。

4.2　操作过程

4.2.1　开机:打开电源开关,电源指示灯亮,"工作"灯亮。

4.2.2　进料:将胶塞装入料槽内,按下"真空"钮,绿灯亮,清洗腔内压力为真空;按"进料"钮,胶塞被吸入清洗腔内,然后关闭真空开关。

4.2.3　喷淋:按下"喷淋"钮,绿灯亮,喷淋10分钟后,红灯亮,完成了喷淋。粗洗:按下"粗洗"钮,绿灯亮,清洗腔内水温在40~90℃。

4.2.4　反复冲洗15分钟后,红灯亮。

4.2.5　硅化:按"真空"钮,打开手阀加入硅油后,关闭手阀。再按"真空"钮,关闭真空泵。按下"硅化"钮,腔内胶塞开始硅化,水温控制在80℃ 30分钟。

4.2.6　漂洗:按"漂洗"钮,绿灯亮,过滤注射用水从下方进入腔室内开始漂洗,10分钟后,红灯亮。从取样口,取漂洗水检测水的澄明度,如果清洗不合格,再按一次"漂洗"钮,重新漂洗一次,然后再取样,直至合格。

4.2.7　灭菌:按"蒸汽灭菌"钮,绿灯亮,清洗机自动完成排水、抽真空,当温度达到121℃后开始计时,15分钟后红灯亮,完成灭菌。

4.2.8　干燥:按"干燥"钮,绿灯亮,通过抽真空,腔体内温度控制在90~115℃,30分钟后完成干燥。

4.2.9　冷却:按"冷却"钮,绿灯亮,腔体内真空和放入冷空气交替进行,数次后,真空清洗腔体温度小于等于60℃红灯亮。当清洗腔体温度小于等于60℃,无菌室内"警示"灯灭,"工作"灯亮,防护门电锁打开。

4.2.10　卸料:打开无菌室内防护门,行程开关动作,操作室"冷却"红灯灭,"无菌室正在卸料"红灯亮。操作室所有按钮锁定不能工作。按下"卸料"钮,卸料开始。当卸料

液体制剂技术

完毕后,关上防护门,按动"卸料完毕"钮,防护门电锁锁定,无菌室"卸料"灯灭,同时,操作室所有锁定按钮解开。

4.2.11　结束后,关闭自来水阀、蒸汽阀、电源。

4.3　注意事项

开机前首先打开自来水阀门。

附件3　胶塞清洗机清洁保养标准操作规程

胶塞清洗机清洁保养标准操作规程		登记号	页数
起草人及日期:		审核人及日期:	
批准人及日期:		生效日期:	
颁发部门:		收件部门:	
分发部门:			

1　目的:建立胶塞清洗机清洁保养规程,防止污染。
2　范围:适用于胶塞清洗机的清洁和保养。
3　职责:胶塞清洗机操作人员,对本规程实施负责,QA人员负责检查监督。
4　程序

4.1　准备

4.1.1　润滑:每班生产前先对电机、减速器、链条、链轮等各传动部件润滑状况进行检查,确保润滑良好,润滑不良应及时加润滑油(脂)。

4.1.1.1　主轴支架内滚支轴承的润滑采用钠脂或钾脂润滑脂,可于1~2年后更换一次,减速机润滑油使用一年后应更换新油。

4.1.1.2　主传动轴上的3套机械密封的密封面,每班应加入少量润滑油。

4.1.1.3　空气雾化器中的雾化油应定期加油。

4.1.2　维护:开空车运行5~10分钟,检查传动系统电气控制、仪器、仪表是否正常,发现异常及时通知检修。

4.2　运行

正式运行后按"胶塞清洗机标准操作规程"进行操作,随时注意传动系统电气控制、仪器、仪表是否异常,发现异常及时通知检修。

4.3　清洁

4.3.1　清洁工作在每班生产结束后进行。

4.3.2　用浸有纯化水的丝光毛巾揩擦胶塞清洗机表面及机身2~3次。

4.3.3　清除传动系统的污垢等异物。

4.3.4　清洗箱的清洁。

4.3.4.1　先点动,检查胶塞、清洗机、各传动部件是否连接好。

4.3.4.2　开启主传动轴电机,使主轴转速适中。

4.3.4.3　开进水电磁阀,水位至洗塞机溢流口。

4.3.4.4　继续开进水阀,并开启循环水泵,通过喷淋冲洗清洗箱。

4.3.4.5　清洗结束后放水。

4.3.4.6　水放完后,关罐底阀门使用。

4.3.5　超声波底部及箱底有脏物黏附,则可将后箱盖上的清洗孔螺纹堵头拆下,用尼龙毛刷伸入扫箱底并冲洗干净。

4.3.6 软管的清洗：在使用前，必须用注射用水清洗 5 分钟后使用；使用完毕后，将软管内的余水排空，使之无积水，备用。

模块三 分装

一、职业岗位

粉针剂分装工。

二、工作目标

1. 能按"批生产指令"完成无菌粉末的分装工作并做好其他准备工作。

2. 知道 GMP 对无菌分装粉针剂过程的管理要点，知道典型分装机的操作要点。

3. 按"批生产指令"执行典型分装岗位标准操作规程，完成生产任务，并正确填写分装原始记录。

4. 其他同项目三模块二。

三、准备工作

（一）职业形象

按"10000 级洁净区生产人员进出标准程序"进入生产区。

（二）职场环境

参见项目一模块一。

（三）任务文件

1. 分装岗位标准操作规程（见本模块附件 1）

2. KFG120F 型抗生素玻璃瓶螺杆分装机标准操作程序（见本模块附件 2）

3. KFG120F 型抗生素玻璃瓶螺杆分装机清洁标准操作程序（见本模块附件 3）

（四）生产用物料

1. 进入洁净区的物料，用 75％乙醇溶液将外包装容器外壁消毒，放入缓冲走廊传递窗内开紫外线灯照射 30 分钟消毒。

2. 在无菌走廊从传递窗内取出物料再用 75％乙醇润湿的超细布、擦拭物料外壁（原料瓶）传入 10000 级洁净区。

（五）场地、设备与用具等

同项目一模块一。

四、生产过程

执行"分装岗位标准操作规程"，"KFG120F 型抗生素玻璃瓶螺杆分装机标准操作程序"，完成分装。

五、结束工作

按"KFG120F 型抗生素玻璃瓶螺杆分装机清洁标准操作程序"，完成所用设备、生产场

液体制剂技术

地、用具清洁。

六、可变范围

以 KFG120F 型抗生素玻璃瓶螺杆分装机为例，其他分装机参照执行。

七、基础知识

为了保证产品质量，直接无菌分装的药品原料必须无菌，可用灭菌结晶法、喷雾干燥法制备，其纯度及溶解后的澄明度、细度等均应符合要求。

所有容器、用具等均应按照注射剂要求预先处理，玻璃瓶可 180℃ 干热灭菌 1 小时 30 分钟，胶塞洗净后要用硅油进行硅化处理，再用 121℃ 纯蒸汽湿热灭菌 30 分钟，灭菌好的空瓶、胶塞存放时间不超过 24 小时。

八、法律法规

《药品生产质量管理规范》1998 年版相关内容。

九、实训考核题

试写出螺杆分装机主要部件名称并指出其位置。

附件 1 分装岗位标准操作程序

分装岗位标准操作程序		登记号		页数	
起草人及日期：		审核人及日期：			
批准人及日期：		生效日期：			
颁发部门：		收件部门：			
分发部门：					

1 **目的**：规范分装岗位的操作方法及程序。
2 **范围**：适用于粉针分装岗位的操作。
3 **职责**：粉针分装岗位操作员对本程序的实施负责，车间质检员负责监督实施。
4 **程序**

    4.1 生产前准备

    4.1.1 分装操作前 30 分钟开启分装间层流，并确认其处于正常工作状态。

    4.1.2 采用 75% 的酒精擦拭传送带、机器操作台面、胶塞机转盘及轨道，理瓶转盘等。工具用 75% 酒精浸泡半分钟以上，浸湿绸布应放在指定位置。

    4.1.3 检查所用胶塞、西林瓶澄明度及原粉澄明度，经检查符合要求后方可投入使用。

    4.1.4 按螺杆分装机的操作规程进行安装，并检查空车运行。

    4.1.5 按"分装指令"中核对无菌原粉产品名称、分装装量、规格、批号、批量等是否正确，并逐一检查包装有无破损、裂缝及密封是否完好，准确无误后方可上粉。

    4.1.6 向理塞器中加入处理合格的胶塞。

    4.1.7 检查分装机运转无误后，开车试装后，与天平工协作调整装量。

    4.2 操作过程

    4.2.1 灭菌后的西林瓶经传送带送至分装理瓶转盘，目检挑出破口、裂瓶、脏瓶、异物瓶。由进瓶盘传送带送至分装机转盘拨轮处备用。

4.2.2 启动分装机试装18~27支，由天平工抽查装量，并调整装量在质量控制范围内，开始正式分装。

4.2.3 分装过程中保持下料器中粉位为其总容量的1/2~2/3，以保证装量的稳定性。

4.2.4 分装操作时，严禁用手接触西林瓶瓶口、胶塞柱，必须处理时用专用镊子处理。

4.2.5 分装过程中，天平工每隔15分钟左右抽查一次装量，每次抽取4瓶，或根据实际情况随机抽查。

4.2.6 分装过程中，保持西林瓶轨道及操作台面的整洁，每隔2小时用75％酒精擦拭一次。

4.2.7 分装间操作人员每隔15分钟需要用75％酒精对手消毒一次。

4.3 分装生产结束

4.3.1 拧开粉斗锁紧螺丝拆下粉杯，将粉罩中剩余的原料及进料大螺杆和料斗中的剩余原料倒入专用不锈钢盘中，装入指定原料桶密封，按规定退至10000级洁净区原辅料暂存。

4.3.2 将分装螺杆、主搅拌、分装机头、大螺杆、料斗等拆下，送到10000级洁净区工具洗消间，按工具清洁消毒程序进行操作。

4.3.3 统计生产中剩余、污染的西林瓶、胶塞等物料数量，并整理好记录由传递窗退出10000级洁净区。

4.3.4 按有关清场操作程序进行清场。

4.4 注意事项

4.4.1 分装结束后，按"分装机清场标准操作程序"清场。

4.4.2 分装过程中，出现异常及时与工艺员及车间管理人员联系解决。

附件2　KFG120F型抗生素玻璃瓶螺杆分装机标准操作程序

KFG120F型抗生素玻璃瓶螺杆分装机标准操作程序		登记号	页数
起草人及日期：	审核人及日期：		
批准人及日期：	生效日期：		
颁发部门：	收件部门：		
分发部门：			

1　**目的**：规范分装岗位抗生素玻璃瓶螺杆分装机的操作方法及程序。
2　**范围**：适用于抗生素分装机的操作。
3　**职责**：粉针分装岗位操作员对本程序的实施负责，车间质检员负责监督检查。
4　**程序**

4.1 开机前准备工作

4.1.1 检查操作间是否有清场合格标识，并在有效期内，否则按清场标准操作规程进行清场并经QA人员检查合格后，填写"清场合格证"，才能进行下一步操作。

4.1.2 检查是否有生产状态标识牌。

4.1.3 检查操作间的温湿度，是否符合要求。

4.1.4 检查设备是否有"合格"、"已清洁"标识牌，并对设备进行检查，确认设备正常方可使用。

4.1.4.1 打开电源开关，可见指示灯亮、触摸屏亮。

4.1.4.2 至调试画面，分别点动"转盘"、"拨瓶"、"搅拌"、"送粉"，检查运转是否正常，关闭。

4.2 开机

4.2.1 上瓶：手动将抗生素玻璃瓶放在转盘上，至少装满2/3。

4.2.2 空载运行：按启动按钮，检查运行是否正常，停机。

4.2.3 装粉：将药粉装入送粉装置中，可点动"送粉"，使装量至视窗的一半。

4.2.4 调节装量：在现有步进参数下，试装几瓶，在电子天平上测出1号位和2号位的实际装量并记录，在"运算"界面上，分别输入刚测得的两个工位的实际装量，如测得为730mg，即在"实际装量"处输入"730"，再根据工艺要求，在"标准装量"处输入应装量，如需装1g，则输入"1000"，按"修正"，则自动完成调整过程，将"标准装量"的步进值进行归整，即第四位数为0如1110。

4.2.5 在理塞器中加入适量的胶塞，调节胶塞的振动至适当速度。

4.2.6 按"启动"即可进行分装。

4.2.7 分装过程中每10～30分钟检查装量。

4.3 关机

清除本批操作中剩余的瓶子，对设备、场地进行清洁，对场地进行清洁，填写生产原始记录。

附件3 KFG120F型抗生素玻璃瓶螺杆分装机清洁标准操作程序

KFG120F型抗生素玻璃瓶螺杆分装机清洁标准操作程序		登记号	页数
起草人及日期：		审核人及日期：	
批准人及日期：		生效日期：	
颁发部门：		收件部门：	
分发部门：			

1 目的：建立抗生素玻璃瓶螺杆分装机清洁规程，防止污染。

2 范围：适用于抗生素玻璃瓶螺杆分装机清洁。

3 职责：抗生素玻璃瓶螺杆分装机操作人员对本程序的实施负责，QA人员负责检查监督。

4 程序

4.1 清洁

4.1.1 进入现场的人员及所携带的工具应符合现场相应的无菌要求。

4.1.2 将与药粉接触的有关可拆卸零部件全部拆下。

4.1.2.1 将机头锁紧装置松开，并旋转180°。

4.1.2.2 粉斗：首先将齿轮盖拉掉，把粉斗拆下，再分别将送粉储筒、送粉储筒座、送粉螺杆逐一拆下。

4.1.2.3 粉筒：首先将粉筒拆下，再分别将有机玻璃粉筒、漏斗、粉嘴、粉筒底座逐一拆下。

4.1.2.4 将螺杆、搅拌桨拆下，再将等分盘拆下。

4.1.3 清除齿轮、链轮、链条等转动部件上的污垢。

4.1.4 清洁工作完毕后，工作台面、振荡器等上述机件上不得有药粉残留，不得有油污、纤维等。

4.1.5 做好生产场地的清洁卫生工作和设备清洁记录。

4.2 保养

4.2.1 开机前应手动盘车和空车运转，传动系统应灵活，传动准确、平稳，制动装置应灵敏可靠。

4.2.2 开机前按规定对各润滑点进行润滑。

4.2.3 随时注意观察机器的运转情况，如声音和振动异常应停车及时处理。

4.2.4 设备如长期停用，应做好清洁工作，传动部件应涂油防锈。

模块四 轧盖

一、职业岗位

粉针剂分装工。

二、工作目标

1. 能按"批生产指令"领取铝盖，完成轧盖工作并做好其他准备工作。

2. 知道 GMP 对无菌分装粉针剂过程的管理要点，知道典型轧盖机的操作要点。

3. 按"批生产指令"执行典型轧盖机的标准操作规程，完成生产任务，生产过程中监控无菌程度及澄明度，并正确填写轧盖原始记录。

4. 其他同项目三模块二。

三、准备工作

（一）职业形象

同本项目模块三。

（二）职场环境

同项目一模块一。

（三）任务文件

1. 轧盖岗位标准操作规程（见本模块附件 1）

2. KGL150D 多功能滚压式抗生素玻璃瓶轧盖机标准操作规程（见本模块附件 2）

3. KGL150D 多功能滚压式抗生素玻璃瓶轧盖机标准清洁操作规程（见本模块附件 3）

（四）生产用物料

同本项目模块三。

（五）场地、设备与用具等

同项目一模块一。

四、生产过程

执行"轧盖岗位标准操作规程"，"KGL150D 多功能滚压式抗生素玻璃瓶轧盖机标准操作规程",完成生产。

五、结束工作

执行"KGL150D多功能滚压式抗生素玻璃瓶轧盖机标准清洁操作规程",完成设备、场地等的清洁。

六、可变范围

以KGL150D多功能滚压式抗生素玻璃瓶轧盖机为例,其他型号的轧盖设备参照执行。

七、基础知识

略。

八、法律法规

《药品生产质量管理规范》1998年版相关内容。

九、实训考核题

试写出轧盖机主要部件名称并指出其位置。

附件1 轧盖岗位标准操作程序

轧盖岗位标准操作程序		登记号	页数
起草人及日期:		审核人及日期:	
批准人及日期:		生效日期:	
颁发部门:		收件部门:	
分发部门:			

1 **目的**:规范轧盖岗位操作方法及程序。
2 **范围**:适用于粉针剂轧盖岗位。
3 **职责**:操作人员对本程序的实施负责,车间管理人员、质量员负责监督检查。
4 **程序**

4.1 准备

4.1.1 做好设备卫生,用75%的酒精擦拭分装转盘、轨道、铝盖选择器的内表面。

4.1.2 温度、相对湿度应符合工艺要求(温度18~26℃,相对湿度45%~65%)。

4.1.3 批生产记录完整、准确。

4.1.4 设备、器具有"正常已清洁"、"清洁待用"状态标识。

4.1.5 轧盖间生产环境应符合要求,有上一班次"清场合格证"副本(将其贴于批生产记录上),方可生产。

4.2 生产操作

4.2.1 生产前准备。

4.2.1.1 填写本岗位本批次生产状态标识卡,并将其悬挂于门上及相应设备上。

4.2.1.2 在各传动部位加好润滑油。

4.2.1.3 接到铝盖灭菌岗位通知后取出铝盖,复核铝盖规格、批号、数量、质量及盛装容器状况，将铝盖加入振荡器中。

4.2.2 开始生产。

4.2.2.1 接通总电源。

4.2.2.2 调节锁盖器转数，打开振荡器使铝盖充满轨道。

4.2.2.3 取20个无药扣好胶塞的小瓶，在轧盖机上轧盖，三指拧不动为合格。

4.2.2.4 启动轧盖机进瓶传送带，使制品充满轧盖分瓶盘，按启动键开始轧盖。

4.2.2.5 轧好盖的半成品，经出盘传递窗传至目检岗位。

4.2.2.6 操作过程中出现碎瓶时，应及时停机清理。

4.2.2.7 及时处理运行轨道不良品，掉胶塞的不良品不得重新轧盖。及时用镊子扶正倒瓶。

4.2.3 停机。

4.2.3.1 当最后一只制品进入轧盖分瓶盘后，关闭网带。

4.2.3.2 当全部制品轧完盖后，关闭铝盖振荡器，将制品收入出料盘中后关闭主机。关闭电源。

4.3 物料处理

4.3.1 剩余的铝盖按"生产过程剩余物料处理规程"进行处理。

4.3.2 将轧盖产生的碎玻璃瓶、坏铝盖及轧盖不合格药品装袋后传出，按规定处理。

4.4 清洁清场

生产结束后，应对设备、容器、用具按照相应清场规程进行清洁并及时悬挂清洁标识，经质量员检查合格后发放"清场合格证"，并将"清场合格证"正本贴于批生产记录，副本插于操作间门上。

4.5 偏差情况处理和报告

4.5.1 生产过程中发生偏差时，应按"生产过程偏差处理规程"进行处理。

4.5.2 偏差和处理应如实填写在批生产记录中异常情况处理栏内。

4.6 工艺卫生和环境卫生

4.6.1 所有进入轧盖间的人员应按"生产区人员更衣管理规程"进行净化、更衣。

4.6.2 所有进入轧盖间的容器应按相应的净化规程进行净化。

4.7 注意事项

4.7.1 操作应坚持2人核对，由第二名操作者独立复核。

4.7.2 生产过程中，操作者及复核者应及时填写批生产记录并签名。

4.7.3 各机器不经允许不得任意开动。

4.7.4 机器运转时，不要向运转部位伸手，2人以上操作时要预先通知，对方同意后方可开机。

4.7.5 机器运行中，随时检查铝盖轨道是否充满铝盖。

4.7.6 清洁设备时，应注意保护电气部分，防止进水、漏电。

4.7.7 设备运行过程中，操作人员不能擅离岗位。

附件2　KGL150D多功能滚压式抗生素玻璃瓶轧盖机标准操作规程

KGL150D多功能滚压式抗生素玻璃瓶轧盖机标准操作规程		登记号		页数	
起草人及日期：		审核人及日期：			
批准人及日期：		生效日期：			
颁发部门：		收件部门：			
分发部门：					

1　**目的**：规范轧盖机操作方法及程序。
2　**范围**：适用于粉针剂轧盖岗位。
3　**职责**：操作人员对本规程的实施负责，车间管理人员、质量员负责监督检查。
4　**程序**

4.1　准备

生产前检查各单头上的挂钩固定螺栓是否紧固，如有松动应及时锁紧。

4.2　生产

4.2.1　打开电源开关。电源指示灯亮，此时机器处于正常状态。

4.2.2　开启电源后，将轧盖机设定为校车挡，按点动开关，测试机器是否能平稳运行。

4.2.3　根据生产任务调整机器转速，同时相应调整输送带和理盖机，使铝盖加速进入导轨。

4.2.4　如铝盖导轨内铝盖断挡，用镊子拨动，使铝盖加速进入导轨。

4.2.5　生产过程中，发现瓶子轧碎及时关机，用镊子将碎玻璃清理干净，再开机生产。

4.2.6　生产中，如瓶子堵塞，主机将延时停转，待故障排除后，主机会自动运行。

4.2.7　生产过程中，如发现漏轧或跳盖应及时拿出，铝盖松紧不符合要求应停机调整。

4.2.8　轧盖机发生故障，应立即停机检修，以免铝盖轧坏。

4.3　结束

生产结束后，关闭电源，做好设备及场地的清洁卫生工作。

附件3　KGL150D多功能滚压式抗生素玻璃瓶轧盖机标准清洁操作规程

KGL150D多功能滚压式抗生素玻璃瓶轧盖机标准清洁操作规程		登记号		页数	
起草人及日期：			审核人及日期：		
批准人及日期：			生效日期：		
颁发部门：			收件部门：		
分发部门：					

1　**目的**：建立轧盖机清洁规程，防止污染。
2　**范围**：适用于轧盖机清洁程序。
3　**职责**：轧盖机操作人员对本规程的实施负责，QA人员负责检查监督。
4　**程序**

4.1　准备

4.1.1　进入现场的人员及携带的工具应符合现场相应的洁净度要求。

4.1.2　清除链皮带、齿轮等部件上的油垢。

4.1.3　用毛刷清除理盖机及设备上的异物。

4.1.4　工作台面、设备外表、理盖机、进出瓶轨道等用浸有75％酒精罩有绸布的丝光毛巾擦2次。

4.1.5　清洁工作在每班生产结束后进行。

4.1.6　清洁工作完毕后，工作台面、理盖机等机件上不得有油污、纤维等异物残留。

4.1.7　做好设备清洁记录及生产场地的清洁卫生工作。

4.2　生产

4.2.1　每班生产前应检查机器上螺栓是否有松动，各传动部件及齿（链）轮的润滑情况，按规定加注润滑油（脂），轧刀臂上应每周加油一次。

4.2.2 生产前将机车设定为校车挡，点动空车试运转，确认机器运转安全、灵活、平稳。

4.2.3 生产中不得随意调节调速按钮，尽量使设备在同一速度下运转，以免损伤传动部件。

4.2.4 挡车人员要将转盘中的无胶塞瓶挑出，有倒瓶及时扶起，以免倒瓶卡住车子，并且要经常检查机器的声响及振动情况，发现异常立即处理。

4.2.5 随时保持工作台面清洁，生产结束后，切断机器电源，做好设备清洁。

4.3 结束

4.3.1 生产前应检查电开关是否灵敏。

4.3.2 电器箱上的各部件不可随意拆卸，按钮开关必须用手指按动，禁止用镊子、螺丝刀等尖硬物触击按钮。

4.3.3 有物体卡住输送带应立即关机清理，以免电动机损坏。

模块五　包装

一、职业岗位

制剂包装工。

二、工作目标

1. 能按"批生产指令"完成包装工作。

2. 知道 GMP 对无菌分装粉针剂过程的管理要点，知道包装操作的操作要点。

3. 按"批生产指令"执行包装的标准操作规程，完成生产任务，正确填写包装原始记录。

4. 其他同项目三模块二。

三、准备工作

（一）职业形象

按"一般生产区生产人员进出标准程序"进入生产区。

（二）职场环境

见项目一模块一。

（三）任务文件

包装岗位标准操作规程（见本模块附件1）。

（四）生产用物料

1. 领取外包装所需外包装材料。领料时，应核对所领包装材料的名称、批号、数量、是否检验合格等，核对无误后在批生产记录上签名。

2. 领取目检合格后产品，并对产品的名称、数量及规格进行核对。

3. 及时填写生产状态标识，并将其插于操作间门上及相应设备上。

（五）场地、设备与用具等

同项目一模块一。

四、生产过程

执行"包装岗位标准操作规程"，完成包装工作。

五、结束工作

按相关清洁标准操作规程清洁生产场地、用具、容器。

六、基础知识

略。

七、可变范围

略。

八、法律法规

《药品生产质量管理规范》1998年版相关内容。

附件1　包装岗位标准操作规程

包装岗位标准操作规程		登记号	页数
起草人及日期：		审核人及日期：	
批准人及日期：		生效日期：	
颁发部门：		收件部门：	
分发部门：			

1　目的：规范包装岗位的操作方法及程序。
2　范围：适用于粉针包装岗位的操作。
3　职责：粉针包装岗位操作员对本程序的实施负责，车间质检员负责监督检查。
4　程序

　　4.1　装盒验货

　　4.1.1　将贴好标签的药瓶装入盒托，装盒过程中注意挑出翘角、空白瓶、裂瓶等不合格品，然后交给验货人。装盒时，轻拿轻放。

　　4.1.2　验货人将盒翻转过来，逐瓶检查，将有异物、量少、破瓶、白瓶、歪签等不合格品挑出，将缺数补齐，装入中盒内并放上说明书。

　　4.1.3　由贴封口签人员贴上封口签。封口签上印有生产批号、有效期，注意与瓶签上的有关内容核对无误。

　　4.1.4　挑出的不合格品按规定分别处理。由质检员在该班次结束或更换批号时记录支数。

　　4.2　装箱

　　4.2.1　在包装大箱的规定位置打上生产批号、生产日期、有效期及包装顺序号。

　　4.2.2　将贴好封口签的中盒，按要求装入大箱，并放入1张装箱单（印有品名、规格、产品批号、包装日期、装箱人名章、质检员名章，不得缺项）。顶面放好垫板，刷好胶，将箱口封好，封箱胶带上下封严。在大箱统一侧面的左上角打上装箱顺序号。

4.2.3 为保证装箱质量，装箱台案上中盒成品存量不宜过多。

4.2.4 封箱后的产品按批号送到待验产品存放区，留有一定的货行距离并码放整齐，搬动大箱时，要轻拿轻放。

4.3 操作结束

4.3.1 保持操作间的墙壁、地面、机器及操作台面整洁有序。

4.3.2 按照"一般生产区清洁规程"清理工作现场。

4.3.3 按照外包材管理程序处理废弃和剩余包材。

4.3.4 更换品种时，按粉针剂清场管理规程执行。

4.4 注意事项

4.4.1 生产过程中，发现中盒、大箱印字有误或产品不合格，立即将有错产品及可疑产品全部隔离，由专人进行检查处理。

4.4.2 装箱前注意检查大箱所打批号、生产日期、有效期是否与"包装指令"一致，大箱、中箱、说明书上的品名、规格等是否与标签一致。

项目七

冻干粉针剂

根据生产工艺条件不同，注射用无菌粉末可分为两种：一种是将原料药精制成无菌粉末直接进行无菌分装制得，称为注射用无菌分装制品（粉针剂）；另一种是将药物配成无菌溶液或混悬液无菌分装后，再进行冷冻干燥制得的粉末，该产品也称冷冻干燥制品（冻干粉针剂）。

本项目介绍《中华人民共和国药典》2005年版（二部）收载的冻干粉针剂。冻干粉针剂制备工艺流程见图7-1。

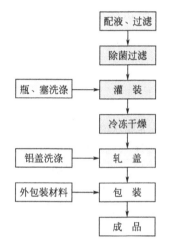

图7-1　冻干粉针剂制备工艺流程

☐ 一般生产区；　　☐ 10000级洁净区；
☐ 100000级洁净区；　☐ 100级洁净区；

批生产指令

编号：

指令号：　　　　号

品名：注射用盐酸阿糖胞苷		规格：50mg		批号：080501
要求	计划产量	10000瓶		
	开始日期	2008　年　5　月　15　日		
	结束日期	2008　年　5　月　16　日		
	处方：　盐酸阿糖胞苷　　　500g 　　　　5%NaOH溶液　　　适量 　　　　注射用水　　　加至10000mL			
	工艺：精确称取盐酸阿糖胞苷500g，加灭菌注射用水，搅拌使之溶解，加5%NaOH溶液调节pH至5.7～6.0，加入2g（配制量0.02%）针用活性炭，搅拌5分钟，过滤，滤液检查主药含量和pH值合格后，再经微孔膜滤器除菌过滤，分装于小玻璃瓶（1mL/瓶）中，冷冻干燥，质检包装。			
签发者：			日期：	

模块一　洗瓶

一、职业岗位

理洗瓶工。

二、工作目标

参见项目三模块二。

三、准备工作

（一）职业形象

按"100000级洁净区生产人员进出标准程序"（见项目三模块二附件1）进入生产操作区。

（二）职场环境

参见项目一模块一。

（三）任务文件

1. 洗瓶岗位标准操作程序（见本模块附件1）
2. QCL立式洗瓶机标准操作程序（见本模块附件2）
3. QCL立式洗瓶机清洁消毒程序（见本模块附件3）
4. SZA型干燥机标准操作程序（见本模块附件4）
5. SZA型干燥机清洁消毒程序（见本模块附件5）

（四）生产用物料

根据"批生产指令"领取足够数量的小玻璃瓶，按"物料进出洁净区标准操作程序"传入洗瓶间。

（五）场地、设备与用具等

参见项目一模块一。

四、生产过程

按"QCL立式洗瓶机标准操作程序"进行洗瓶。按"SZA型干燥机标准操作程序"对洗净的西林瓶进行干燥。

五、结束工作

执行"QCL立式洗瓶机清洁消毒程序"，"SZA型干燥机清洁消毒程序"，完成设备、场地、容器等清洁。

六、可变范围

以QCL立式洗瓶机为例，其他洗瓶设备参照执行。

七、基础知识

冻干粉针剂的容器多选用小玻璃瓶，俗称西林瓶，也有使用安瓿瓶的。

液体制剂技术

西林瓶应达到的质量要求有：①应无色透明，便于检查药物的澄明度；②应具有好的耐热性，不易冷爆破裂；③有足够的物理强度，不易在生产、运输和储存过程中破损；④具有好的化学稳定性，不影响药物。

八、法律法规

《药品生产质量管理规范》1998年版相关内容。

九、实训考核题

1. 写出洗瓶机主要部件名称并指出其位置（不少于5种）。

2. 写出冻干粉针剂生产中洗瓶环境要求，包括洁净度级别、温度、相对湿度、压差等方面的要求。

3. 写出洗瓶质量要求，对给定的西林瓶判定是否符合要求。

附件1　洗瓶岗位标准操作程序

洗瓶岗位标准操作程序		登记号	页数
起草人及日期：		审核人及日期：	
批准人及日期：		生效日期：	
颁发部门：		收件部门：	
分发部门：			

1　**目的**：规范洗瓶岗位标准操作。
2　**范围**：适用于洗瓶岗位。
3　**职责**：本岗位操作人员对本程序的实施负责。
4　**程序**

　4.1　准备工作

　4.1.1　检查工作区已清洁，不存在任何与现场操作无关的物料、包装材料、残留物或记录等。

　4.1.2　检查需使用的设备及部件已清洁、干燥。

　4.1.3　准备好批生产记录和足够数量的标签用于标明生产区、设备、容器等。

　4.1.4　在生产区、设备、容器上贴上标签，标明产品名称、批号、日期等。

　4.1.5　将西林瓶运到工作区，检查名称、规格、数量等是否与实物相符，填写批生产记录。

　4.2　装配

　将清洁的滤芯装入过滤器罩内，并检查滤罩及各管路接头要牢固，插好溢水管。

　4.3　洗瓶

　4.3.1　按"洗瓶机标准操作程序"操作，用纯化水进行粗洗。

　4.3.2　按"洗瓶机标准操作程序"操作，用注射用水进行精洗。

　4.4　干燥灭菌

　按"干燥机标准操作程序"操作，将洗净的西林瓶干燥灭菌，经冷却段输送至无菌室，备用。打印干燥温度曲线。

　4.5　中间控制

洗瓶过程,随时检查洗后西林瓶的澄明度。

4.6 记录

正确、详实地填写批生产记录,并贴附干燥温度曲线图,若有异常情况应详细说明。

4.7 卫生

4.7.1 按"洗瓶机清洁消毒程序"进行设备的清洁,做好记录。

4.7.2 对工作区进行清洁,做好记录。

4.7.3 由质检员检查合格后,发给"清场合格证"。"清场合格证"(正本)附入批生产记录中,"清场合格证"(副本)挂在操作区,作为下次生产的准备凭证附入下一批生产记录。

附件2 QCL立式洗瓶机标准操作程序

QCL立式洗瓶机标准操作程序	登记号	页数
起草人及日期:	审核人及日期:	
批准人及日期:	生效日期:	
颁发部门:	收件部门:	
分发部门:		

1 **目的:** 规范洗瓶机标准操作。
2 **范围:** 适用于洗瓶岗位。
3 **职责:** 本岗位操作人员对本程序的实施负责。
4 **程序**

4.1 启动前的准备工作

4.1.1 对所有需要润滑的部件加注润滑油。

4.1.2 确认机器安装正确,气、水管路,电路连接符合要求。

4.1.3 将清洗好的滤芯装入过滤器罩内,并检查滤罩及各管路接头是否牢固。

4.1.4 插好溢水管,关闭排水闸阀。

4.1.5 打开新鲜水入槽阀门,给清洗槽注水。清洗槽注满水后,水将自动溢入储水槽,储水槽水满后,即可关闭新鲜水入槽阀门。

4.2 正常启动

4.2.1 打开电器箱后端主开关,主电源接通绿色信号灯亮。

4.2.2 接通加热按钮,水温加热绿色信号灯亮,水箱自动加热,并将水温恒定在50~60℃。

4.2.3 打开新鲜水控制阀门,将压力调到0.2MPa。

4.2.4 打开压缩空气控制阀门,将压力调到0.2MPa。

4.2.5 启动水泵按钮,水泵启动绿色信号灯亮,同时将循环水过滤罩内的空气排尽。水泵启动时储水槽内的水位会下降,这时应打开新鲜水入槽阀门,将水槽注满水。

4.2.6 打开喷淋水控制阀,将压力调到0.2MPa。

4.2.7 将操作选择开关旋到"0"位挡(正常操作)。

4.2.8 将速度调节旋钮调到"0"位。

4.2.9 按下主机启动按钮,表示启动的绿色信号灯亮,主电机处于运行状态。

4.2.10 慢慢将速度旋钮调到与容器规格相适应的位置,进行洗瓶。

4.3 机器在"点动"状态下运行

4.3.1 将工作状态选择旋钮调到"1"位。

4.3.2 将速度旋钮调到适当的位置。

4.3.3 按下主机启动按钮,机器运行。松开启动按钮,机器停止运行。

4.3.4 机器走空:如果要将机器上所有容器走空,可将选择开关调到"1"位,在点动状态下完成,但为保证容器清洗的洁净度,应保持所有的清洗条件不变。

4.4 停机

4.4.1 按下主机停机按钮,主机驱动信号灯灭,主机停止运行。

4.4.2 按下水温加热停止按钮,水温加热信号灯熄灭,水箱停止运行。

4.4.3 按下水泵停止按钮,水泵运行信号灯熄灭,水泵停止运行。

4.4.4 关闭压缩空气供给阀。

4.4.5 关闭新鲜水供给阀。

4.4.6 关闭主电源开关,电源信号灯熄灭。

4.4.7 打开储水箱排水阀,储水箱水排空。

4.4.8 拉起清洗槽溢水插管,清洗槽内水排空。

4.4.9 用水将清洗槽冲洗干净。

4.4.10 清洗储水槽内过滤网和过滤器内的过滤芯。

附件3 QCL立式洗瓶机标准清洁消毒程序

QCL立式洗瓶机标准清洁消毒程序		登记号	页数
起草人及日期:		审核人及日期:	
批准人及日期:		生效日期:	
颁发部门:		收件部门:	
分发部门:			

1 **目的**:规范洗瓶机清洁消毒标准操作。
2 **范围**:适用于洗瓶岗位。
3 **职责**:本岗位操作人员对本程序的实施负责。
4 **程序**

4.1 清洁地点

生产车间、洗瓶区。

4.2 清洁工具

尼龙毛刷、管道刷。

4.3 清洁剂

5%的$NaHCO_3$溶液。

4.4 清洗方法

先用$NaHCO_3$溶液刷洗水箱及喷管表面,然后再用新鲜自来水冲洗喷管及水箱。

4.5 清洗频次

随时拭去设备表面污物、油迹。碱液清洗每班一次水箱,接水盘每班用新鲜自来水冲洗一次。

4.6 清洁效果评价

最后冲洗机器的水,检查澄明度合格,pH 值呈中性即可。

4.7 注意事项

每次清洗时不得使电器操作面板、电器箱及电机进水,以免损坏电器元件。

附件 4 SZA 型干燥机标准操作程序

SZA 型干燥机标准操作程序		登记号		页数	
起草人及日期:			审核人及日期:		
批准人及日期:			生效日期:		
颁发部门:			收件部门:		
分发部门:					

1 目的: 规范干燥机操作方法。
2 范围: 适用于洗瓶岗位。
3 职责: 本岗位操作人员对本程序的实施负责。
4 程序

4.1 准备

4.1.1 检查主机电源是否正常。

4.1.2 检查各润滑点的润滑状况。

4.1.3 检查安全装置是否有效。

4.2 操作

4.2.1 将"电源开关"旋钮旋至"ON"位置("电源"指示信号灯亮,电控柜风扇运转正常,液晶触摸屏显示起始画面)。

4.2.2 设定工作温度(常设定为 250℃)。

4.2.3 启动电机,各风机开始运转,整机运行"进口层流"、"热风层流"、"出口层流"状态,加热管同时开始加温,温度自动控制。

4.2.4 检查电热管加热情况,观察电流指示表电流情况。

4.2.5 点击"走带自动"键,开始干燥空瓶。

4.2.6 按"停止"键,各加热管自动断电,此时各风机继续运转,直至烘箱内温度降至设定的温度,各风机自动停车,整机停止运行"进口层流"、"热风层流"、"出口层流"状态,信号灯熄灭。

4.2.7 干燥灭菌的空瓶从干燥机设在局部 100 级侧的出口,经传递带进入灌装生产线。

4.2.8 打印干燥温度曲线。

4.3 注意事项

4.3.1 测量风速和风压,中间烘箱风速应达 0.7m/s,风压 200Pa,进出口层流箱风速应达 0.5m/s,风压 200Pa。

4.3.2 开机后必须接通压缩空气,否则会烧坏过滤器和热风机。

4.3.3 调压阀应每天旋开放出过滤出的水分,然后重新拧紧。

4.3.4 根据瓶子的大小调节感应杆的摆动角的起始位置,从而调节瓶子行程大小,瓶子大则感应时间长,输送带运转位移长,瓶子小则要求感应时间缩短,输送带运转位移短,以保证整条生产线的产量协调。

附件 5　SZA 型干燥机清洁消毒程序

SZA 型干燥机清洁消毒程序		登记号	页数
起草人及日期：		审核人及日期：	
批准人及日期：		生效日期：	
颁发部门：		收件部门：	
分发部门：			

1　目的：规范干燥机清洁消毒操作程序。
2　范围：适用于洗瓶岗位。
3　职责：本岗位操作人员对本程序的实施负责。
4　程序
　　4.1　每天工作完后，必须检查进口过滤段两边弹片凹形弧线之内是否有碎玻璃屑，必须每天清扫。
　　4.2　每天工作完后，用洁净的棉纱布擦洗机器的外表，检查网带，清扫网带上的碎屑。
　　4.3　每周清理一次排气机构下面抽屉中的碎屑。
　　4.4　每两周，拆开烘箱的进、出口，用毛刷、吸尘器清除隧道两边从侧带下漏出的碎瓶碎屑，彻底清扫一次隧道。
　　4.5　每月清扫一次冷却段底盘的碎屑。
　　4.6　更换过滤器时，用酒精擦洗洁净室内的灰尘，清扫碎屑。
　　4.7　运行满 1 年中修时，拆下网带，如果网带仍可使用则用酒精彻底洗一遍。

模块二　配液

一、职业岗位

注射液调剂工。

二、工作目标

1. 能按"批生产指令"领取所需量的物料。
2. 知道 GMP 对配液过程的管理要点。
3. 按"批生产指令"执行配液岗位操作规程，完成生产任务，生产过程中监控配液的质量，并正确填写配液原始记录。
4. 其他同项目三模块二。

三、准备工作

（一）职业形象
　　按"10000 级洁净区生产人员进出标准程序"进入生产操作区。
（二）职场环境
　　参见项目一模块一。

（三）任务文件
1. 10000 级洁净区生产人员进出标准程序（见项目三模块三附件 4）
2. 配液岗位标准操作程序（见本模块附件 1）
3. 配液罐标准操作程序（见本模块附件 2）
4. 配液罐清洁消毒程序（见本模块附件 3）

（四）生产用物料
根据"批生产指令"领取所需量的原辅料，按"物料进出洁净区标准操作程序"传入到配液室。

（五）场地、设备与用具等
参见项目一模块一。

四、生产过程
执行"配液岗位标准操作程序"，"配液罐标准操作程序"，完成配液。

五、结束工作
参见项目三模块三。

六、可变范围
各型号配液罐参照执行。

七、基础知识
参见项目三模块三。

八、法律法规
《药品生产质量管理规范》1998 年版相关内容。

九、实训考核题
1. 试写出配液罐主要部件名称并指出其位置。
2. 试写出配液岗位质量控制项目。
3. 当含量不符合规定时，如何计算补水量或补料量？
4. 配液操作应注意的问题。

附件 1 配液岗位标准操作程序

配液岗位标准操作程序		登记号		页数	
起草人及日期：		审核人及日期：			
批准人及日期：		生效日期：			
颁发部门：		收件部门：			
分发部门：					

液体制剂技术

1 **目的**：规范配液标准操作。
2 **范围**：适用于配液岗位。
3 **职责**：本岗位操作人员对本程序的实施负责。
4 **程序**

 4.1 准备工作

 4.1.1 检查配液室已清洁，应有前"清场合格证"（副本）作为本批生产的凭证。如果更换品种或超出"清场合格证"有效期，应重新清场。

 4.1.2 检查设备应有"正常"、"已清洁"的标识。

 4.1.3 准备生产所需的清洁容器具。

 4.1.4 准备批生产记录和足够数量的标签或标识来标明区域、容器等。

 4.2 操作过程

 4.2.1 按处方精确称取原辅料，并复核。

 4.2.2 根据工艺要求，将物料加入到配液罐内，加处方量注射用水搅拌溶解，调药液 pH 至规定值。根据需要加入一定比例的活性炭，加热搅拌均匀，过滤脱炭，得到澄明的药物溶液。

 4.2.3 中间控制：取样检测药液的含量和 pH 值，若含量有偏差，则根据实际情况补水或补料。

 4.2.4 配好的药液经传递柜灭菌后传入下一工序。

 4.3 记录

 认真填写批生产记录。

 4.4 清场

 4.4.1 对配液罐进行清洁消毒。

 4.4.2 对生产中使用的容器具进行清洗消毒。

 4.4.3 对生产区域进行清洁。

 4.4.4 清场结束，填写清场记录，质量员检查合格后，发放"清场合格证"，挂上"已清洁"标识。

附件 2 配液罐标准操作程序

配液罐标准操作程序		登记号	页数
起草人及日期：		审核人及日期：	
批准人及日期：		生效日期：	
颁发部门：		收件部门：	
分发部门：			

1 **目的**：规范配液罐的操作。
2 **范围**：适用于配液岗位。
3 **职责**：本岗位操作人员对本程序的实施负责。
4 **程序**

 4.1 准备工作

 4.1.1 检查配液罐，要求"已清洁"且"正常"。

 4.1.2 检查电源是否正常。

4.1.3 检查进水阀、出液阀是否正常。
4.1.4 检查搅拌桨是否正常。
4.1.5 检查加热器是否正常。

4.2 开机

4.2.1 打开电源。
4.2.2 开进水阀,加入处方量的注射用水,关进水阀。
4.2.3 启动搅拌桨,由慢到快调节搅拌速度。
4.2.4 按具体药物的工艺规程,将各种物料逐渐加入。
4.2.5 按具体药物的工艺要求,加入一定比例的活性炭,搅拌均匀。如需加热处理,则打开加热器进行加热煮沸片刻,再放冷至50℃左右。

4.3 停机

4.3.1 停搅拌桨。
4.3.2 静置一段时间(约10～20分钟)后,开出液阀,排出药液进行过滤。
4.3.3 关电源。

4.4 清洁

见"配液罐清洁消毒程序"。

4.5 注意事项

4.5.1 药液总体积不要超过配液罐容积的2/3。
4.5.2 搅拌桨不能与罐壁碰撞,且搅拌速度适宜。
4.5.3 药物称量要准确,且有人复核。
4.5.4 配液罐用后要及时清洗,清洗时注意防止水溅到电器设备上。

附件3 配液罐清洁消毒程序

配液罐清洁消毒程序		登记号		页数	
起草人及日期:		审核人及日期:			
批准人及日期:		生效日期:			
颁发部门:		收件部门:			
分发部门:					

1 **目的**:规范配液罐的清洁消毒操作。
2 **范围**:适用于配液岗位。
3 **职责**:本岗位操作人员对本程序的实施负责。
4 **程序**

4.1 关出液阀,开进水阀,给配液罐内注入一定量的水。
4.2 开搅拌桨,进行搅拌清洗。
4.3 停止搅拌,开出液阀,排出清洗水。
4.4 再次给配液罐内注水,用毛巾擦拭清洗。
4.5 排出清洗水,并用洁净的绸布包裹毛巾擦拭残水。
4.6 用75%的酒精擦拭内壁。
4.7 清洁完毕,挂上"已清洁"标识牌。

模块三　除菌过滤

一、职业岗位
制剂及医用制品灭菌工。

二、工作目标
1. 能按"批生产指令"领取所需物料。
2. 知道 GMP 对除菌过滤过程的管理要点，知道典型除菌过滤器的操作要点。
3. 按"批生产指令"执行典型过滤器的标准操作规程，完成生产任务，生产过程中监控滤液的质量，并正确填写过滤原始记录。
4. 其他同项目三模块二。

三、准备工作

（一）职业形象
参见本项目模块一。

（二）职场环境
参见项目一模块一。

（三）任务文件
1. 除菌过滤岗位标准操作程序（见本模块附件 1）
2. 多层盘式过滤器标准操作程序（见本模块附件 2）
3. 多层盘式过滤器清洁消毒程序（见本模块附件 3）

（四）生产用物料
配液岗位配制的药液经传递柜（窗）灭菌后传入除菌过滤室。

（五）场地、设备与用具等
参见项目一模块一。

四、生产过程
执行"除菌过滤岗位标准操作程序"，"多层盘式过滤器标准操作程序"，完成除菌过滤。

五、结束工作
按"多层盘式过滤器清洁消毒程序"，完成设备、场地、容器的清洁。

六、可变范围
以多层盘式过滤器为例，其他过滤器参照执行。

七、基础知识
滤器的选用：①砂滤棒，适用于低黏度药液的过滤；②垂熔玻璃滤器一般 5～6 号可滤除细菌，作无菌过滤用；③微孔滤膜过滤器，优点是截留能力强、滤速快、无介质迁移不影响药液、吸附性小、滤膜用后弃去无交叉污染，缺点是易堵塞。安装时滤膜的反面应朝向被滤液。

八、法律法规

《药品生产质量管理规范》1998 年版相关内容。

九、实训考核题

1. 试写出过滤器的主要部件名称并指出其位置。
2. 过滤器的安装。
3. 过滤时压力的调节。
4. 过滤器的安装与拆卸。

附件 1　除菌过滤岗位标准操作程序

除菌过滤岗位标准操作程序		登记号	页数
起草人及日期：		审核人及日期：	
批准人及日期：		生效日期：	
颁发部门：		收件部门：	
分发部门：			

1　**目的**：规范除菌过滤的标准操作。
2　**范围**：适用于除菌过滤岗位。
3　**职责**：本岗位操作人员对本程序的实施负责。
4　**程序**

 4.1　准备工作

 4.1.1　检查工作区已清洁，无任何与现场生产无关的东西，有前次生产后的"清场合格证"（副本）。

 4.1.2　过滤器已清洁消毒。

 4.1.3　生产所需的容器具已清洁消毒。

 4.1.4　准备好批生产记录和足够数量的标签，标明设备和容器。

 4.1.5　从传递柜内拿出上一工序生产的药液。

 4.2　过滤操作

 4.2.1　按"多层盘式过滤器标准操作程序"进行过滤器的安装，并测试气泡点。

 4.2.2　过滤器的进口、出口分别连接上橡胶软管，进液管口放入待过滤液内，出液管口用洁净容器盛接。

 4.2.3　启动输液泵，再逐渐打开进液阀排出管内空气后，开始过滤。

 4.2.4　过滤结束时，先关进液阀，再关出液阀及输液泵电源开关。

 4.2.5　装无菌滤液的洁净容器盖上盖子，传入下一工序。

 4.3　记录

 按要求详细填写批生产记录。

 4.4　清洁

 4.4.1　按"多层盘式过滤器清洁消毒程序"对过滤器进行清洁。

液体制剂技术

4.4.2　将生产中使用的容器具进行清洗消毒。
4.4.3　对生产区进行清场。
4.4.4　由质量员检查后,发给"清场合格证",正本附在批生产记录中,副本放在本生产区,作为下次可开始生产的凭证。

附件2　多层盘式过滤器标准操作程序

多层盘式过滤器标准操作程序		登记号	页数
起草人及日期:		审核人及日期:	
批准人及日期:		生效日期:	
颁发部门:		收件部门:	
分发部门:			

1　**目的**:规范过滤器标准操作。
2　**范围**:适用于过滤岗位。
3　**职责**:本岗位操作人员对本程序的实施负责。
4　**程序**

4.1　操作前准备
4.1.1　按需准备微孔滤膜,并对微孔滤膜进行清洁。
4.1.2　检查多层盘式过滤器的清洁消毒情况,并用注射用水冲洗进水板、出水板。
4.1.3　检查橡胶软管的完好性,使用前用注射用水冲洗1～2遍。
4.1.4　准备所需用的容器及工具。

4.2　多层盘式过滤器的安装与过滤操作
4.2.1　检查进水板的大小橡胶密封胶圈的完整性,并平整地压按于密封槽内,以防过滤时漏液。
4.2.2　在出水板的网板面上,平铺上规定膜片直径及孔径的微孔滤膜。
4.2.3　将进、出水板按滤板序号,安装于横架上。
4.2.4　检查滤板序号排列是否正确,确认无误后,顺时针旋紧手轮,直至用手扳不动手轮为止。
4.2.5　气泡点测试:在滤膜上覆盖一层水,从过滤器的下端出口通入氮气,当气压升高到一定值时,滤膜上的水层中开始有连续的气泡逸出,此压力值即为该滤膜的气泡点。
4.2.6　将过滤器的进口、出口分别连接上橡胶软管。
4.2.7　将进液管口放入待过滤原液内;出液管口用洁净容器盛接。
4.2.8　先关闭进液阀,然后按下输液泵启动开关,再逐渐打开进液阀排出管内空气后,即可进行过滤。
4.2.9　操作中应微调进液阀及出液阀,使压力不得超过$4kgf/cm^2$,并注意根据压力表突然增高或降低,以判断滤膜阻塞或破损。
4.2.10　停泵时,先关进液阀,后关闭出液阀及输液泵电源开关。

4.3　清洁消毒
过滤结束后,按"多层盘式过滤器清洁消毒程序"进行拆卸及清洁。

附件3　多层盘式过滤器清洁消毒程序

多层盘式过滤器清洁消毒程序		登记号	页数
起草人及日期：		审核人及日期：	
批准人及日期：		生效日期：	
颁发部门：		收件部门：	
分发部门：			

1　目的：规范多层盘式过滤器的清洁消毒操作。
2　范围：适用于除菌过滤岗位。
3　职责：本岗位操作人员对本程序的实施负责。
4　程序
　　4.1　取下过滤器进口、出口上的橡胶软管。
　　4.2　逆时针旋转手轮，取出滤板。
　　4.3　取出微孔滤膜弃掉。
　　4.4　取出密封槽内的橡胶密封圈。
　　4.5　将橡胶软管和橡胶密封圈用水冲洗，直到冲洗水检测符合规定为止。
　　4.6　用水擦拭清洁过滤器的底盘、板盖等部件。
　　4.7　用75％的乙醇对过滤器各部件进行消毒处理。

模块四　灌装

一、职业岗位

水针剂灌封工。

二、工作目标

1. 能按"批生产指令"领取所需量物料。
2. 知道GMP对灌装过程的管理要点，知道典型灌装机的操作要点。
3. 按"批生产指令"执行典型灌装机的标准操作规程，完成生产任务，生产过程中监控灌装的质量，并正确填写灌装原始记录。
4. 其他同项目三模块二。

三、准备工作

（一）职业形象
　　参见本项目模块一。

（二）职场环境
　　参见本项目模块一。

（三）任务文件
　　1. 灌装岗位标准操作程序（见本模块附件1）

液体制剂技术

2. KBG-120 型西林瓶液体灌装机标准操作程序（见本模块附件2）
3. KBG-120 型西林瓶液体灌装机清洁消毒程序（见本模块附件3）

（四）生产用物料

按生产指令接收所需干燥灭菌的西林瓶、胶塞，以及除菌过滤后的无菌药液。

（五）场地、设备与用具等

参见项目一模块一。

四、生产过程

执行"灌装岗位标准操作程序"，"KBG-120 型西林瓶液体灌装机标准操作程序"，完成生产。

五、结束工作

执行"KBG-120 型西林瓶液体灌装机清洁消毒程序"，完成设备、场地、容器的清洁。

六、可变范围

以 KBG-120 型西林瓶液体灌装机为例，其他灌装设备参照执行。

七、基础知识

过滤后的药液经检查合格后进行灌装，灌装是注射剂制备的关键步骤，灌装室的环境要严格控制，达到尽可能高的洁净度。

八、法律法规

《药品生产质量管理规范》1998年版相关内容。

九、实训考核题

1. 试写出灌装机主要部件名称并指出其位置。
2. 调节灌装剂量。
3. 灌装操作。

附件1 灌装岗位标准操作程序

灌装岗位标准操作程序		登记号	页数
起草人及日期：		审核人及日期：	
批准人及日期：		生效日期：	
颁发部门：		收件部门：	
分发部门：			

1 目的：规范灌装岗位标准操作。
2 范围：适用于灌装岗位。
3 职责：本岗位操作人员对本程序的实施负责。
4 程序

4.1 准备工作

4.1.1 检查生产区是否符合灌装洁净度要求。

4.1.2 检查生产区是否已清洁。

4.1.3 检查灌装机各部件是否已清洁消毒,尤其是药液瓶、输液软管、吸液定量器等已绝对清洁干净。

4.1.4 检查灌装机是否运转正常。

4.1.5 检查灌装所需的瓶、塞应符合工艺质量要求。

4.1.6 给药液瓶装上无菌药液。

4.1.7 给药塞桶内装上无菌花口胶塞。

4.1.8 调节定量阀以保证装量准确,符合工艺要求。

4.1.9 调节送塞轨道的高度以及加塞的力量,保证胶塞半塞入西林瓶内。

4.2 灌装操作

启动设备开始灌装。通过隧道式烘箱干燥灭菌并传入的西林瓶由输送带送至灌装机的理瓶拨轮,使西林瓶间隔均匀地有序排列,再送至灌装工位进行灌装,然后到加塞工位进行半加塞操作,最后出瓶。

4.3 灌装结束

关闭设备电源开关。将灌装半加塞后的产品放入冻干机的干燥箱进行下一工序的冷冻干燥。

4.4 中间控制

检查装量应符合工艺要求;检查加塞情况,如有个别胶塞没盖好时,应及时将胶塞调节平整。

4.5 记录

认真填写批生产记录。

4.6 清洁

4.6.1 对灌装机及其部件进行清洁消毒。

4.6.2 对生产区域进行清洁清场。

4.6.3 清场结束,由质量员检查合格后,发"清场合格证"附于批生产记录中,生产区域和设备挂"已清洁"标识。

附件 2　KBG-120 型西林瓶液体灌装机标准操作程序

KBG-120 型西林瓶液体灌装机标准操作程序		登记号	页数
起草人及日期:	审核人及日期:		
批准人及日期:	生效日期:		
颁发部门:	收件部门:		
分发部门:			

1　**目的**:规范西林瓶液体灌装机标准操作。

2　**范围**:适用于灌装岗位。

3　**职责**:本岗位操作人员对本程序的实施负责。

4　**程序**

4.1 准备工作

4.1.1 检查设备"已清洁"且"正常"。

4.1.2 检查设备是否已连接完好,且运转正常。

4.1.3 检查灌装针头安装正常,调节灌装剂量调节阀,使剂量准确。

4.1.4 检查加塞装置,调节加塞气压,使加塞状况良好。

4.1.5 检查理瓶转轮,要求运行良好。

4.2 开机

启动开机按钮,开始理瓶、灌装、加塞联动操作。

4.3 停机

灌装结束,按下关机按钮,设备停止运行。

4.4 注意事项

4.4.1 调节加塞气压,保证良好的半加塞状态。

4.4.2 调节定量阀,以保证灌装剂量准确。

4.4.3 药液灌装频率与瓶子传输行程要相配合。

4.4.4 灌装结束后立即对设备进行清洁消毒,保持设备处于清洁状态。

附件3　KBG-120型西林瓶液体灌装机清洁消毒程序

KBG-120型西林瓶液体灌装机清洁消毒程序		登记号	页数
起草人及日期:		审核人及日期:	
批准人及日期:		生效日期:	
颁发部门:		收件部门:	
分发部门:			

1 目的:规范灌装机的清洁消毒操作。
2 范围:适用于灌装岗位。
3 职责:本岗位操作人员对本程序的实施负责。
4 程序

4.1 清理干净已灌装加塞的产品传入下一工序。

4.2 清理干净灌装机传送带上的空西林瓶。

4.3 清理干净胶塞桶内所有胶塞。

4.4 取下输液软管,拿下药液瓶,进行彻底清洗。

4.5 取下灌装针头及导管,进行彻底清洗。

4.6 用干净的湿毛巾擦拭设备的各个部件及部位。

4.7 用干净的干毛巾擦拭设备各部位的水迹。

4.8 用75%乙醇擦拭设备各部位进行消毒处理。

模块五　冷冻干燥

一、职业岗位

冷冻干燥工。

二、工作目标

1. 能按"批生产指令"领取所需物料。

2. 知道 GMP 对冷冻干燥过程的管理要点，知道典型冷冻干燥机的操作要点。

3. 按"批生产指令"执行典型冷冻干燥机的标准操作规程，完成生产任务，生产过程中监控冷冻干燥的质量，并正确填写冷冻干燥原始记录。

4. 其他同项目三模块二。

三、准备工作

（一）职业形象
参见本项目模块一。

（二）职场环境
参见项目一模块一。

（三）任务文件
1. 冷冻干燥岗位标准操作规程（见本模块附件1）

2. LYO-30 冷冻干燥机标准操作程序（见本模块附件2）

3. LYO-30 冷冻干燥机清洁消毒程序（见本模块附件3）

（四）生产用物料
按生产指令接收所需冷冻干燥的半成品。

（五）场地、设备与用具等
参见项目一模块一。

四、生产过程

执行"冷冻干燥岗位标准操作规程"，"LYO-30 冷冻干燥机标准操作程序"，完成生产。

五、结束工作

执行"LYO-30 冷冻干燥机清洁消毒程序"，完成设备的清洁。

六、可变范围

以 LYO-30 冻干机机为例，其他冻干设备参照执行。

七、基础知识

冷冻干燥是将需要干燥的药物溶液预先冻结成固体，在低压低温条件下，从冻结状态不经过液态而直接升华除去水分的一种干燥方法。凡是对热敏感、在水中不稳定的药物，可采用此法制备。

八、法律法规

《药品生产质量管理规范》1998年版相关内容。

 液体制剂技术

九、实训考核题

1. 试写出冻干机主要部件名称并指出其位置(不少于10种)。
2. 冻干粉针的特点。
3. 看冻干曲线图,指出各曲线所表示的意思。

附件1 冷冻干燥岗位标准操作规程

冷冻干燥岗位标准操作规程		登记号	页数
起草人及日期:		审核人及日期:	
批准人及日期:		生效日期:	
颁发部门:		收件部门:	
分发部门:			

1 目的:规范冷冻干燥标准操作。
2 范围:适用于冷冻干燥岗位。
3 职责:本岗位操作人员对本规程的实施负责。
4 程序
    4.1 准备
    4.1.1 检查工作区、设备已清洁,设备正常。
    4.1.2 确认冻干箱内测温探头已放准确。
    4.1.3 确认冷凝器内化霜水已排净。
    4.1.4 确认冷却水、压缩空气、总电源等正常。
    4.1.5 在工作区、设备上贴上生产标识。
    4.2 操作
    4.2.1 将待冻干制品放入冻干机的干燥箱中。
    4.2.2 根据具体药物设定工艺参数。
    4.2.3 按"冻干机标准操作程序"操作。
    4.2.4 冻干结束,将产品通过传递柜传入下一工序。
    4.3 中间控制
干燥结束,抽样测定水分,要求在规定范围。
    4.4 记录
认真详实地填写批生产记录。中间控制结果如有偏差,上报质量管理负责人,分析原因,采取相应措施,并在批生产记录中详细记录。
    4.5 卫生
    4.5.1 按"冻干机清洁操作程序"进行设备的清洁。
    4.5.2 按"生产区清洁卫生管理规程"进行工作区的清洁。
    4.5.3 由质量员检验合格后,发给"清场合格证"。

附件2　LYO-30冻干机标准操作程序

LYO-30冻干机标准操作程序		登记号	页数
起草人及日期：	审核人及日期：		
批准人及日期：	生效日期：		
颁发部门：	收件部门：		
分发部门：			

1 目的： 规范冻干机标准操作。
2 范围： 适用于冻干岗位。
3 职责： 本岗位操作人员。
4 程序

4.1 准备
4.1.1 开启总电源开关。
4.1.2 开计算机，进入"冷冻干燥"页面。
4.1.3 设置工艺参数。

4.2 预冻
4.2.1 按"手动"键，进入手动操作系统。按"启动"键，设备处于待机状态。
4.2.2 开循环泵，确认泵的出口压力正常（0.05～0.1MPa）。
4.2.3 开压缩机，运转几分钟，待各表压稳定后，开启板冷器，使其对干燥箱制冷，直至达到制品的预冻温度，恒温2～3小时。
4.2.4 预冻结束前1小时，关板冷器，开启冷凝器器，开始对冷凝箱制冷直至-45℃以下（保证冷凝箱温度一定要低于干燥箱温度）。

4.3 升华
4.3.1 开真空泵、小碟阀、中隔阀，抽真空。
4.3.2 当干燥箱真空度达到20Pa以下后，设定导热油温度。
4.3.3 打开电加热器开始加热。
4.3.4 为控制升华速度，可逐步提高导热油温度。

4.4 恒温干燥
4.4.1 确定升华干燥结束。从升华曲线观察，冷凝器温度下降、真空度下降、物品温度升高等，判断升华干燥结束。
4.4.2 上调导热油温度（根据制品情况确定，多为室温左右），开始恒温干燥。
4.4.3 恒温干燥结束后，关电加热器、中隔阀、小碟阀、真空泵、冷凝器阀，待冷冻机运行3分钟后关压缩机、循环泵。

4.5 压塞
4.5.1 开液压泵，按下降钮，隔板下降，压塞。
4.5.2 按上升钮，升起隔板。
4.5.3 放气，至干燥箱上真空度表为"0"，放气结束，开门出料。
4.5.4 压塞注意事项：瓶高、塞子外径等要求误差小；产品放置均匀，不能偏在一方；压塞力量要适宜。

4.6 化霜
4.6.1 开冷凝器的进水阀、出水阀，热水喷淋化霜。

4.6.2 化霜结束,关闭所有阀门。

4.6.3 化霜彻底的判断:冷凝器的温度高于室温;冷凝器的温度下降较慢。

4.7 清洁

按"LYO-30 冻干机清洁消毒程序"进行清洁消毒。

4.8 记录

打印冻干曲线,关计算机,关电源。填写批生产记录。

附件 3 LYO-30 冻干机标准清洁消毒程序

LYO-30 冻干机标准清洁消毒程序		登记号	页数
起草人及日期:		审核人及日期:	
批准人及日期:		生效日期:	
颁发部门:		收件部门:	
分发部门:			

1 目的: 规范 LYO-30 冻干机清洁消毒操作。

2 范围: 适用于冻干岗位。

3 职责: 本岗位操作人员对本程序的实施负责。

4 程序

4.1 清洁方法

4.1.1 每次出箱后,按 4.2.1 进行清洁。

4.1.2 生产同一产品 3 批后,或更换产品、或停产 3 天以上、或维修后,按 4.2.2 进行清洁。

4.1.3 清洁后设备在 12 小时内使用,否则重新清洁。

4.2 清洁操作

4.2.1 注射用水擦拭。

4.2.1.1 拿出不锈钢垫架,清除玻瓶碎屑,用绸布包毛巾蘸水对箱内壁各处进行擦拭。

4.2.1.2 开液压泵,将板层逐层升起,逐层用水擦拭。

4.2.2 在线冲洗。

4.2.2.1 拿出不锈钢垫架,清除玻瓶碎屑,关上箱门。

4.2.2.2 电脑切换到"在线清洗":

——输送注射用水;

——开进水阀、进气阀、出水气阀,进行喷洗;

——清洗 3~5 分钟后,开液压泵,升降板层,使箱体各部位充分清洗 5 分钟;

——关进水阀、进气阀;

——待出水结束,关出水气阀;

——冲洗结束,将板层降至最低,用绸布包毛巾抹干残余水。

4.2.3 用 75% 乙醇擦拭消毒。

4.2.4 做好清洁消毒记录。

项目七 冻干粉针剂

模块六 轧盖

一、职业岗位

粉针剂分装工。

二、工作目标

1. 能按"批生产指令"领取所需量铝胶盖。

2. 知道GMP对轧盖过程的管理要点,知道典型轧盖机的操作要点。

3. 按"批生产指令"执行典型轧盖机的标准操作规程,完成生产任务,生产过程中监控轧盖的质量,并正确填写轧盖原始记录。

4. 其他同项目三模块二。

三、准备工作

(一)职业形象

参见本项目模块一。

(二)职场环境

参见项目一模块一。

(三)任务文件

1. 轧盖岗位标准操作程序(见本模块附件1)

2. KGL-120型三刀式西林瓶轧盖机标准操作程序(见本模块附件2)

3. KGL-120型三刀式西林瓶轧盖机清洁消毒程序(见本模块附件3)

(四)生产用物料

从冻干岗位生产传入的半成品,以及洗净干燥灭菌的铝胶盖通过传递柜(窗)传入到轧盖室。

(五)场地、设备与用具等

参见项目一模块一。

四、生产过程

执行"轧盖岗位标准操作程序","KGL-120型三刀式西林瓶轧盖机标准操作程序",完成轧盖。

五、结束工作

执行"KGL-120型三刀式西林瓶轧盖机清洁消毒程序",完成设备、场地等的清洁。

六、可变范围

以KGL-120型三刀式西林瓶轧盖机为例,其他轧盖设备参照执行。

七、基础知识

铝胶盖的质量要求:①有弹性,密封性好;②针头刺入和拔出后能立即闭合,无碎屑脱落；③化学稳定性好，不影响药物。

八、法律法规

《药品生产质量管理规范》1998年版相关内容。

九、实训考核题

1. 试写出轧盖机主要部件名称并指出其位置。
2. 调节轧盖头高度。
3. 轧盖质量检查。

附件1 轧盖岗位标准操作程序

轧盖岗位标准操作程序		登记号		页数	
起草人及日期：			审核人及日期：		
批准人及日期：			生效日期：		
颁发部门：			收件部门：		
分发部门：					

1 目的：规范轧盖岗位标准操作。
2 范围：适用于轧盖岗位。
3 职责：本岗位操作人员对程序的实施负责。
4 程序
  4.1 准备工作
  4.1.1 检查工作区已清洁，有上次生产后的"清场合格证"。
  4.1.2 检查轧盖机"已清洁"且"正常"。
  4.1.3 按生产指令接收足够数量的清洁铝盖。
  4.1.4 检查轧盖机各部位润滑良好。
  4.1.5 检查轧盖机运行正常。
  4.1.6 调节铝盖轨道高度和轧头高度。
  4.1.7 挂生产标识。
  4.2 轧盖操作
  4.2.1 将铝盖装入铝盖料斗内。
  4.2.2 启动设备，开始轧盖操作。
  4.2.3 轧盖结束，关闭电源，停机。
  4.3 制品计数
  轧盖后的制品计数后传入下一工序。
  4.4 记录
  认真填写批生产记录。
  4.5 清场
  4.5.1 清洁轧盖机。
  4.5.2 对工作区进行清场。
  4.5.3 清场结束，由质量员检查合格后，发放"清场合格证"。

附件2 KGL-120型三刀式轧盖机标准操作程序

KGL-120型三刀式轧盖机标准操作程序		登记号	页数
起草人及日期：	审核人及日期：		
批准人及日期：	生效日期：		
颁发部门：	收件部门：		
分发部门：			

1 目的： 规范轧盖机的标准操作。
2 范围： 适用于轧盖岗位。
3 职责： 本岗位操作人员对本程序的实施负责。
4 程序

   4.1 准备
     4.1.1 检查轧盖机的各部位润滑良好。
     4.1.2 检查轧盖机的链条、传送带等能正常运行。
     4.1.3 检查轧刀要求完好。
     4.1.4 检查轧盖机各连接部位无松动现象。
     4.1.5 检查轧盖机已清洁且运转正常。
     4.1.6 根据瓶子高度调节铝盖轨道高度和轧头高度。
     4.1.7 将铝盖装入料斗内。

   4.2 开机
   启动电源，西林瓶通过传送带运输，经分瓶转盘分瓶，经套盖拨轮套上铝盖并压实，再经过轧盖拨轮将铝盖轧紧，最后由传送带输出。

   4.3 停机
   轧盖结束后，关闭电源，停机。

   4.4 清洁
   按"轧盖机清洁消毒程序"进行清洁消毒。

   4.5 注意事项
     4.5.1 轧盖时，禁止用手去拿套盖不好的瓶子，应停机处理。
     4.5.2 禁止在轧盖时触摸轧头轧刀。
     4.5.3 随时剔除轧盖不合格的产品。

附件3 KGL-120型三刀式轧盖机清洁消毒程序

KGL-120型三刀式轧盖机清洁消毒程序		登记号	页数
起草人及日期：	审核人及日期：		
批准人及日期：	生效日期：		
颁发部门：	收件部门：		
分发部门：			

1 目的： 规范轧盖机的清洁消毒操作。

2　范围：适用于轧盖岗位。
3　职责：本岗位操作人员对本程序的实施负责。
4　程序

 4.1　从铝盖料斗内和铝盖轨道上将残余铝盖全部清理出来。

 4.2　用毛刷将整个传送带上的碎瓶屑、铝盖等清扫干净。

 4.3　清除轧盖机上的碎屑等。

 4.4　用洁净的毛巾擦拭轧盖机，尤其是铝盖料斗和铝盖轨道、轧头等部件。

 4.5　用75%的乙醇对轧盖机进行擦拭消毒。

模块七　灯检

一、职业岗位

灯检工。

二、工作目标

1. 能按"批生产指令"准备所需设备。
2. 知道GMP对灯检过程的管理要点，知道典型灯检机的操作要点。
3. 按"批生产指令"执行典型灯检机的标准操作规程，完成生产任务，并正确填写灯检原始记录。
4. 其他同项目三模块二。

三、准备工作

（一）职业形象

按"一般生产区生产人员进出标准程序"进入生产操作区。

（二）职场环境

参见项目一模块一。

（三）任务文件

1. 一般生产区生产人员进出标准程序（见项目一模块一附件1）
2. 灯检岗位标准操作程序（见本模块附件1）
3. 灯检机标准操作程序（见本模块附件2）
4. 灯检机清洁消毒程序（见本模块附件3）

（四）生产用物料

对从轧盖工序接收来的轧好盖的中间制品，检查有无合格证，并核对本次生产品种的品名、批号、规格、数量、质量无误后，进行下一步操作。

（五）场地、设备与用具等

参见项目一模块一。

四、生产过程

执行"灯检岗位标准操作程序"，"灯检机标准操作程序"，完成灯检。

五、结束工作

执行"灯检机清洁消毒程序",完成设备的清洁。

六、可变范围

各灯检设备参照执行。

七、基础知识

取供试品,于检测仪的伞棚边沿处轻轻旋转,以目力检视,不得有可见异物、异色等现象。

八、法律法规

《药品生产质量管理规范》1998年版相关内容。

九、实训考核题

1. 试写出灯检机主要部件名称并指出其位置。
2. 灯检不合格率的计算。
3. 灯检机操作。

附件1 灯检岗位标准操作程序

灯检岗位标准操作程序		登记号		页数	
起草人及日期:		审核人及日期:			
批准人及日期:		生效日期:			
颁发部门:		收件部门:			
分发部门:					

1 目的:规范灯检标准操作。
2 范围:适用于灯检岗位。
3 职责:本岗位操作人员对本程序的实施负责。
4 程序

    4.1 准备工作

    4.1.1 检查工作区已清洁。

    4.1.2 检查灯检机"已清洁"且"正常"。

    4.1.3 检查生产所需容器已清洁,并贴上标签。

    4.1.4 核对待灯检产品的名称、数量、批号等内容。

    4.2 灯检操作

打开灯检机的照明灯电源,启动传送带开关,需灯检样品由传送带输送经过照明灯下,操作人员凭肉眼观察,要求瓶内药物粉末无异物、异色,如有异物、异色则别出,放入不合格品容器内。

    4.3 灯检结束

关上照明灯,停止传送带,拔下电源插头。

4.4 记录

认真填写批生产记录。

4.5 清场

4.5.1 清洁灯检机。

4.5.2 对操作间进行清场。

4.5.3 清场结束，由质量员检查合格后，发放"清场合格证"。

附件 2　灯检机标准操作程序

灯检机标准操作程序		登记号		页数	
起草人及日期：			审核人及日期：		
批准人及日期：			生效日期：		
颁发部门：			收件部门：		
分发部门：					

1 目的：规范灯检机操作。
2 范围：适用于灯检岗位。
3 职责：本岗位操作人员对本程序的实施负责。
4 程序

4.1 准备

4.1.1 检查灯检机已清洁。

4.1.2 检查灯检机的照明灯是否正常。

4.1.3 检查灯检机的传送带运行是否正常。

4.2 开机

4.2.1 打开照明灯开关，照明灯亮，根据需要调节亮度。

4.2.2 启动传送带，传送带开始运行，根据工艺调节传送带速度。

4.2.3 上瓶，开始灯检。

4.2.4 灯检过程中，操作人员要仔细观察照明灯下的样品，将灯检不合格的产品剔除。

4.3 停机

灯检结束，关闭传送带电源，关闭照明灯，拔下总电源插头。

附件 3　灯检机清洁消毒程序

灯检机清洁消毒程序		登记号		页数	
起草人及日期：			审核人及日期：		
批准人及日期：			生效日期：		
颁发部门：			收件部门：		
分发部门：					

1 **目的**：规范灯检机清洁消毒操作。
2 **范围**：适用于灯检岗位。
3 **职责**：本岗位操作人员对本程序的实施负责。
4 **程序**
    4.1 清理灯检机上的碎屑、异物等。
    4.2 清理传送带上下的异物。
    4.3 对照明灯管、灯棚内壁各处进行擦拭。
    4.4 对灯检机各部件进行擦拭。
    4.5 用75%乙醇进行擦拭消毒。

模块八　贴签包装

参照项目六模块五。

附录1　周转卡

周转卡片（合格）

品名		规格	
批号		数量	
物料名称		批号/编号	
桶号		皮重	
		毛重	
操作人		日期	

合

卡片为绿底蓝字

"废弃物"标识

废弃物

周转卡片（待验）

品名		规格	
批号		数量	
物料名称		批号/编号	
桶号		皮重	
毛重		净重	
操作人		日期	

待验

卡片为黄底红字

周转卡片（不合格）

品名		规格	
批号		数量	
物料名称		批号/编号	
桶号		皮重	
毛重		净重	
操作人		日期	

不合格

卡片为红底黄字

项目七　冻干粉针剂

附录2　设备状态标识

完好

设备 名称：＿＿＿＿＿　编　　　号：＿＿＿＿＿
设备负责人：＿＿＿＿＿　设备维修员：＿＿＿＿＿

运行

设备 名称：＿＿＿＿＿　编　　　号：＿＿＿＿＿
设备负责人：＿＿＿＿＿　设备维修员：＿＿＿＿＿

待清洁

设备 名称：＿＿＿＿＿　编　　　号：＿＿＿＿＿
设备负责人：＿＿＿＿＿　设备维修员：＿＿＿＿＿

已清洁

设备 名称：＿＿＿＿＿　编　　　号：＿＿＿＿＿
设备负责人：＿＿＿＿＿　设备维修员：＿＿＿＿＿

检修

设备 名称：_____ 编　　号：_____

设备负责人：_____ 设备维修员：_____

待维修

设备 名称：_____ 编　　号：_____

设备负责人：_____ 设备维修员：_____

设备状态标识			
运行	白底	绿字	运转正常，可以使用
待清洁	白底	黄字	等待清洁，不允许使用
已清洁	白底	绿字	设备清洁，可以使用
待维修	白底	红字	存在故障，需要维修，不能使用
检修	白底	湖蓝字	检修过程中，不能使用
完好	白底	藏蓝字	设备完好，可以使用

参考文献

[1] 国家药典委员会. 中华人民共和国药典. 北京：化学工业出版社，2005.
[2] 药品生产质量管理规范，1998.
[3] 张汝华. 工业药剂学. 北京：中国医药科技出版社，2001.
[4] 崔福德. 药剂学. 北京：中国医药科技出版社，2002.

全国医药中等职业技术学校教材可供书目

	书 名	书 号	主 编	主 审	定 价
1	中医学基础	7876	石 磊	刘笑非	16.00
2	中药与方剂	7893	张晓瑞	范 颖	23.00
3	药用植物基础	7910	秦泽平	初 敏	25.00
4	中药化学基础	7997	张 梅	杜芳簏	18.00
5	中药炮制技术	7861	李松涛	孙秀梅	26.00
6	中药鉴定技术	7986	吕 薇	潘力佳	28.00
7	中药调剂技术	7894	阎 萍	李广庆	16.00
8	中药制剂技术	8001	张 杰	陈 祥	21.00
9	中药制剂分析技术	8040	陶定阆	朱品业	23.00
10	无机化学基础	7332	陈 艳	黄 如	22.00
11	有机化学基础	7999	梁绮思	党丽娟	24.00
12	药物化学基础	8043	叶云华	张春桃	23.00
13	生物化学	7333	王建新	苏怀德	20.00
14	仪器分析	7334	齐宗韶	胡家炽	26.00
15	药用化学基础(一)	7335	顾 平	张万斌	20.00
16	药用化学基础(二)	7993	陈 蓉	宋丹青	24.00
17	药物分析技术	7336	霍燕兰	何铭新	30.00
18	药品生物测定技术	7338	汪穗福	张新妹	29.00
19	化学制药工艺	7978	金学平	张 珩	18.00
20	现代生物制药技术	7337	劳文艳	李 津	28.00
21	药品储存与养护技术	7860	夏鸿林	徐荣周	22.00
22	职业生涯规划	7992	陆国民 陆祖庆	石伟平	16.00
23	药事法规与管理	7339	左涉芬	苏怀德	24.00
24	医药会计实务	7991	董桂真	胡仁昱	15.00
25	药学信息检索技术	8066	周淑琴	苏怀德	20.00
26	药学基础	8865	潘 雪	苏怀德	21.00
27	医学基础	8798	赵统臣	苏怀德	37.00
28	公关礼仪	9019	陈世伟	李松涛	23.00
29	药用微生物基础	8917	林 勇	黄武军	22.00
30	医药市场营销	9134	杨文章	杨 悦	20.00
31	生物学基础	9016	赵 军	苏怀德	25.00
32	药物制剂技术	8908	刘娇娥	罗杰英	36.00
33	药品购销实务	8387	张 蕾	吴阊云	23.00
34	医药职业道德	00054	谢淑俊	苏怀德	15.00
35	药品 GMP 实务	03810	范松华	文 彬	24.00
36	固体制剂技术	03760	熊野娟	孙忠达	27.00
37	液体制剂技术	03746	孙彤伟	张玉莲	25.00
38	半固体及其他制剂技术	03781	温博栋	王建平	20.00
39	全国医药中等职业技术教育专业技能标准	6282	全国医药职业技术教育研究会		8.00

欲订购上述教材,请联系我社发行部:010-64519684(张荣),010-64518888
如果您需要了解详细的信息,欢迎登录我社网站:www.cip.com.cn